发现之旅

动植物篇

新光传媒◎编译

Eaglemoss出版公司◎出品

FIND OUT MORE
鱼和鸟

石油工业出版社

图书在版编目（CIP）数据

鱼和鸟 / 新光传媒编译.—北京：石油工业
出版社，2020.3
　（发现之旅．动植物篇）
　ISBN 978-7-5183-3149-9

　Ⅰ．①鱼…　Ⅱ．①新…　Ⅲ．①鱼类－普及读物②鸟类
－普及读物　Ⅳ．①Q959.4-49②Q959.7-49

　中国版本图书馆CIP数据核字（2019）第035414号

发现之旅：鱼和鸟（动植物篇）

新光传媒　编译

出版发行：石油工业出版社
　　　　　（北京安定门外安华里2区1号楼　100011）
网　　址：www.petropub.com
编 辑 部：（010）64523783
图书营销中心：（010）64523633
经　　销：全国新华书店
印　　刷：北京中石油彩色印刷有限责任公司
2020年3月第1版　2020年3月第1次印刷
889×1194毫米　开本：1/16　印张：8.25
字　　数：105千字
定　　价：36.80元
（如出现印装质量问题，我社图书营销中心负责调换）

编辑说明

　　"发现之旅"系列图书是我社从英国 Eaglemoss（艺格莫斯）出版公司引进的一套风靡全球的家庭趣味图解百科读物，由新光传媒编译。这套图书图片丰富、文字简洁、设计独特，适合 8 ～ 14 岁读者阅读，也适合家庭亲子阅读和分享。

　　英国 Eaglemoss 出版公司是全球非常重要的分辑读物出版公司之一。目前，它在全球 35 个国家和地区出版、发行分辑读物。新光传媒作为中国出版市场积极的探索者和实践者，通过十余年的努力，成为"分辑读物"这一特殊出版门类在中国非常早、非常成功的实践者，并与全球非常强势的分辑读物出版公司 DeAgostini（迪亚哥）、Hachette（阿谢特）、Eaglemoss 等形成战略合作，在分辑读物的引进和转化、数字媒体的编辑和制作、出版衍生品的集成和销售等方面，进行了大量的摸索和创新。

　　《发现之旅》（FIND OUT MORE）分辑读物以"牛津少年儿童百科"为基准，增加大量的图片和趣味知识，是欧美孩子必选科普书，每 5 年更新一次，内含近 10000 幅图片，欧美销售 30 年。

　　"发现之旅"系列图书是新光传媒对 Eaglemoss 最重要的分辑读物 FIND OUT MORE 进行分类整理、重新编排体例形成的一套青少年百科读物，涉及科学技术、应用等的历史更迭等诸多内容。全书约 450 万字，超过 5000 页，以历史篇、文学·艺术篇、人文·地理篇、现代技术篇、动植物篇、科学篇、人体篇等七大板块，向读者展示了丰富多彩的自然、社会、艺术世界，同时介绍了大量贴近现实生活的科普知识。

　　发现之旅（历史篇）：共 8 册，包括《发现之旅：世界古代简史》《发现之旅：世界中世纪简史》《发现之旅：世界近代简史》《发现之旅：世界现代简史》《发现之旅：世界科技简史》《发现之旅：中国古代经济与文化发展简史》《发现之旅：中国古代科技与建筑简史》《发现之旅：中国简史》，主要介绍从古至今那些令人着迷的人物和事件。

发现之旅（文学·艺术篇）：共 5 册，包括《发现之旅：电影与表演艺术》《发现之旅：音乐与舞蹈》《发现之旅：风俗与文物》《发现之旅：艺术》《发现之旅：语言与文学》，主要介绍全世界多种多样的文学、美术、音乐、影视、戏剧等艺术作品及其历史等，为读者提供了了解多种文化的机会。

发现之旅（人文·地理篇）：共 7 册，包括《发现之旅：西欧和南欧》《发现之旅：北欧、东欧和中欧》《发现之旅：北美洲与南极洲》《发现之旅：南美洲与大洋洲》《发现之旅：东亚和东南亚》《发现之旅：南亚、中亚和西亚》《发现之旅：非洲》，通过地图、照片和事实档案等，逐一介绍各个国家和地区，让读者了解它们的地理位置、风土人情、文化特色等。

发现之旅（现代技术篇）：共 4 册，包括《发现之旅：电子设备与建筑工程》《发现之旅：复杂的机械》《发现之旅：交通工具》《发现之旅：军事装备与计算机》，主要解答关于现代技术的有趣问题，比如机械、建筑设备、计算机技术、军事技术等。

发现之旅（动植物篇）：共 11 册，包括《发现之旅：哺乳动物》《发现之旅：动物的多样性》《发现之旅：不同环境中的野生动植物》《发现之旅：动物的行为》《发现之旅：动物的身体》《发现之旅：植物的多样性》《发现之旅：生物的进化》等，主要介绍世界上各种各样的生物，告诉我们地球上不同物种的生存与繁殖特性等。

发现之旅（科学篇）：共 6 册，包括《发现之旅：地质与地理》《发现之旅：天文学》《发现之旅：化学变变变》《发现之旅：原料与材料》《发现之旅：物理的世界》《发现之旅：自然与环境》，主要介绍物理学、化学、地质学等的规律及应用。

发现之旅（人体篇）：共 4 册，包括《发现之旅：我们的健康》《发现之旅：人体的结构与功能》《发现之旅：体育与竞技》《发现之旅：休闲与运动》，主要介绍人的身体结构与功能、健康以及与人体有关的体育、竞技、休闲运动等。

"发现之旅"系列并不是一套工具书，而是孩子们的课外读物，其知识体系有很强的科学性和趣味性。孩子们可根据自己的兴趣选读某一类别，进行连续性阅读和扩展性阅读，伴随着孩子们日常生活中的兴趣点变化，很容易就能把整套书读完。

目录 CONTENTS

章鱼

一只章鱼从一艘失事的沉船残骸里悄悄地探出了触手，狠狠地抓住并扯掉了深海潜水者的呼吸管。用靴子把自己固定在海床上的潜水者的眼睛变得血红，面罩也鼓了起来。"怪物"章鱼慢慢地靠近了这个受害者，迅速地给他缠上了一层裹尸布……

在许多的深海恐怖故事中，章鱼和乌贼都扮演着坏蛋的角色。但实际上那些深海怪物的形象对它们是有一些不公平的。虽然有一些章鱼长得非常大，但实际上它们很害羞，一般不会伤害人类。事实上，它们是一种拥有复杂大脑的可爱的海洋生物。

▲ 据说，当巨型章鱼对什么事物产生了特别的兴趣的时候，它的身体就会变成深红色。图中这只巨型章鱼正在吞食一条鲨鱼，这时的它变成了深红色，好像一个充满杀戮欲望的恶魔。

章鱼

　　章鱼的英文名 Octopus，源于希腊语中的 Okto 和 Pous，意思是"有八只脚"。与大多数软体动物不同的是，章鱼有八条触手——这是一种柔韧、细长、有力的"手臂"。每条触手的下面都有成排的吸盘，可以牢牢地抓住猎物。吸盘的排列方式随品种的不同而有所差别。例如，普通欧洲章鱼的每只触手上都有两排吸盘，但是小章鱼却只有一排吸盘。体形最大的品种——太平洋章鱼的触手跨度可达 7 米，尽管它的躯干部分只有 50 厘米长。而最小的章鱼将触手完全伸展开后，跨度也只有 5 厘米。

　　章鱼几乎生活在全世界的每一片海域中，它们主要在浅水区活动。它们身上没有保护性的壳，但是它们的身体异常柔软，在遇到海鳗之类的天敌的时候，能够挤进狭窄的小洞中躲避起来。大多数章鱼在白天都会藏起来，只在夜里外出觅食。

　　章鱼身体的主体部分就好像是一个由皮肤和肌肉构成的"袋子"。"袋子"里有着可供呼吸的鳃以及高度发达的神经系统。当"袋子"张开时，水就会流进去，为鳃提供氧气。在"袋口"的周围有八条长长的触手。这个"袋子"可以在颈部缩紧，将里面的水通过体管挤压出来。这股喷射出来的水流力度很大，能够推动章鱼快速地向后移动。

　　章鱼有三个心脏，用来抽吸它们的鳃血管中那些黏稠的蓝色血液。它们的视力很好，因为它们有大大的眼睛，而且眼睛的结构与哺乳动物的眼睛类似。它们是捕食者，以螃蟹和其他的海洋生物为食。章鱼在发动袭击时，会用它们那像鹦鹉的喙一样的嘴咬住猎物，并向猎物体内注射神经毒素。这样，即使是一头强壮的动物，也能很快被制伏。

　　章鱼通常过着独居生活。如果两只章鱼相遇，其中一只就会被另一只吃掉，或者它们一直搏斗，直到其中一只逃跑。雄性章鱼通过展示自己巨大的吸盘来寻找配偶。当一只雌性章鱼接受了它的追求之后，它就用一条触手把装满精子的精囊放入雌性体内，这条触手内有特殊的凹槽可以携带精囊。雌性章鱼会尽心尽力地照顾它的卵，每一枚卵都被细心包裹起来并黏附在固定的物体上。它会密切看护着这些卵长达几个月的时间，并会从自己的体管中喷射出水流，定期给卵

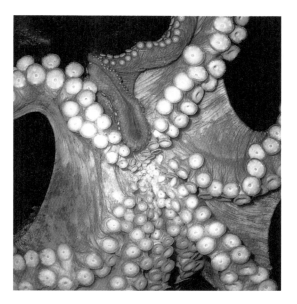

▲　章鱼的吸盘（图中触手上的圆形结构）可以用来抓握食物，还可以附着在岩石上。章鱼也用吸盘来进行清洁、品尝和触摸。

▲ 章鱼是伪装大师，能够根据周围的环境来改变身体的颜色，而且它们还能改变皮肤的纹理，尤其是在受到威胁或者静静等待猎物的时候。

换水。在这段时间里，雌性章鱼不吃任何东西，当卵孵化出来后，它就会安静地死去。小章鱼们从卵中孵化出来后，会以浮游生物的形式漂浮着生活一段时间，然后才能过上成年章鱼的生活。

章鱼会被大鱼和其他的捕食者猎食。为了保护自己，它们可以改变身体的颜色——从红色变成深深浅浅的灰色、黄色、褐色，甚至蓝绿色，以适应周围环境的颜色。它们还能挤进小小的缝隙之中，或者借助喷出来的水流的推动力迅速地逃脱。章鱼最为人熟知的防卫方式是喷出一团墨汁来模糊敌人的视线。不幸的是，有时候海鳝会追随这种墨迹找到它们。

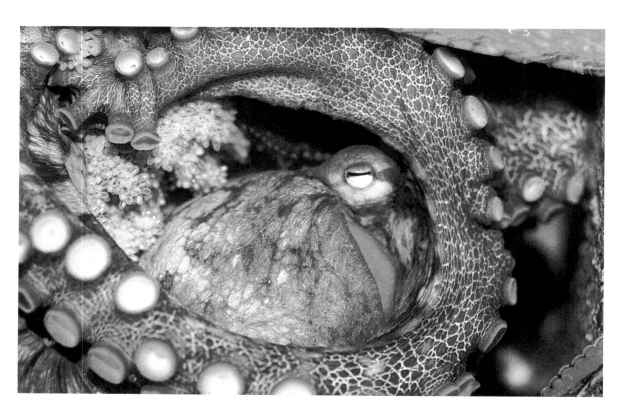

▲ 在岩石的裂缝里，这只雌性章鱼保护着自己的卵，并源源不断地为它们带来新的水流。它要这样持续 6 个月的时间，直到卵孵化出来。在这个过程中，它会慢慢地饿死。

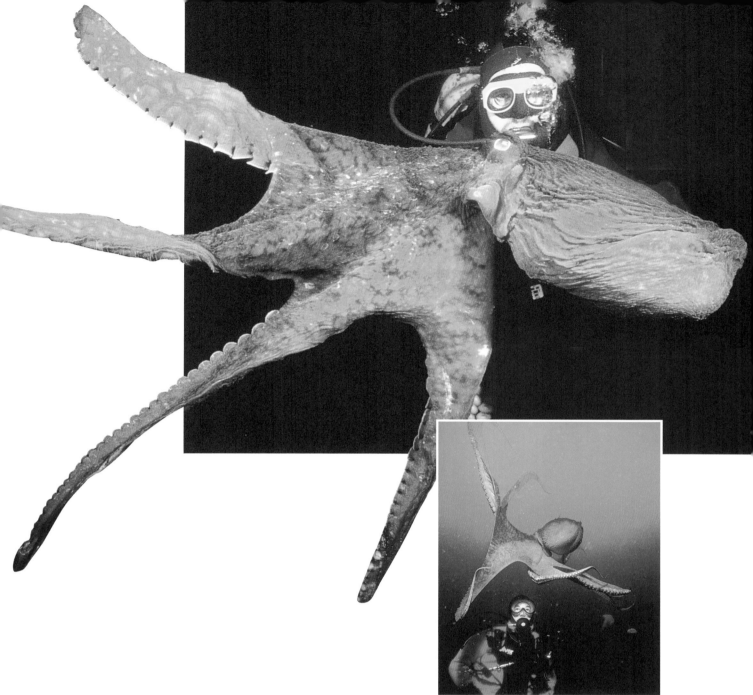

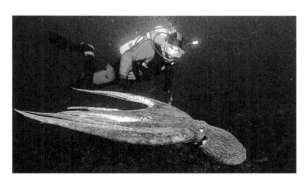

▲ 这只巨型章鱼通过喷出的水流的推动力逃离险境。它也能用自己的触手末端像踩高跷一样行走，或者在岩石间爬行或滑行。

▲ 图中这只正在观察潜水者的庞大的长臂软体动物是一只巨型八脚章鱼。你很难想象它竟然是食用螺的亲戚，因为它的体重足有70千克（差不多和一头雄性黑猩猩一样重）。它还拥有所有无脊椎动物中最大的脑，而且它的眼睛结构和人眼一样。这种章鱼巨大的触手非常强壮有力，而且如果失去了一条触手，它们很快就能再重新长出一条来。

枪乌贼

枪乌贼（俗称鱿鱼）主要生活在开阔的海域，尽管有一些种类生活在深海中。它们的体外也没有壳，但是在它们那像袋子一样的身体里面，有着硬硬的、角质的支撑物。枪乌贼也有墨囊，可以在必要时喷出墨汁。它们的头部有大大的眼睛和大大的脑，眼睛和脑都长在袋状身体的前部。它们的嘴部周围也有八条长长的触手，此外还有两条更长的触手。

蓝色杀手

豹斑章鱼在澳大利亚周围的海域中十分常见。它们只有 10 厘米宽，可以把自己很好地隐藏在海葵和其他五彩缤纷的海洋生物中间。不过，它们对人类有致命的危险。被它咬一口不会觉得疼痛，但是它会向人体内注入一种强效的毒素，大约 1 小时后就能致人死亡。豹斑章鱼的巢穴通常被螃蟹壳围绕着，螃蟹是它们最钟爱的食物，它们用餐后就把蟹壳留在了巢穴外面。

枪乌贼主要吃鱼，它们用自己最长的两条触手来抓鱼。和其他的手臂一样，这两条触手上也有吸盘，而且通常长有"爪子"，能够帮助它们抓握光滑的猎物。枪乌贼也是许多动物的猎物，它们的天敌是信天翁和大一些的鱼类。巨型枪乌贼生活在深海之中，它们是抹香鲸的重要食物。

枪乌贼都有色彩明亮的发光器官，可以向同类发送信号，并迷惑攻击者。枪乌贼会大量聚集在海床上繁殖，它们会产下许多像果冻一样的卵。

秘密武器

外出觅食的枪乌贼会悄悄地靠近一只一半身子隐藏在沙子里的对虾。当它进入攻击距离以内时，枪乌贼就会从体内喷出一股水流，将沙子冲走，再伸出两条长长的猎食触手，将虾抓住，并把它送入自己的嘴里。

◄ 这只生活在深海中的幼年枪乌贼的两只眼睛大小一样。等到它成年以后，它的左眼将比右眼大四倍。生活在大西洋中的巨型枪乌贼是所有动物中眼睛最大的，它们的眼睛直径可达 40 厘米。

▲ 这群流线型的枪乌贼利用喷出的水流，推动着自己在海洋中迅速地游动。有一些乌贼的速度非常之快，以至于它们能够飞跃起来，在水面上掠过 20 多米远的距离。

乌贼

乌贼（俗称墨鱼）的样子看上去很像枪乌贼，但是它们的皮肤下长有骨质的壳。乌贼的骨头像一块粉末质地的白板，我们经常可以看见这种白板骨头被放入鸟笼中，供虎皮鹦鹉和金丝雀啃咬，去磨它们的喙。有时候，人们会把这种骨头磨成粉末，加入牙膏中。古罗马的妇女曾经把这种骨粉涂在脸上，修饰肤色。被风干后，乌贼的肉可以吃。

大多数乌贼有 30 厘米长，身子是褐色的，上面有深色的带状区域和紫色的条纹。它们有时候可以根据周围的环境来改变身体的颜色。例如，当它们躺在海底时，它们的颜色就会变浅，变成和沙子近似的颜色。

乌贼也能够喷出一团像墨汁一样的液体来模糊敌人的视线，从而获得逃生的机会。这种乌贼墨被用来制作画画用的黑褐色颜料。

大多数的乌贼都生活在海岸附近的浅海中，但是也有一些生活在深海里，它们会游到海岸附近，在珊瑚礁中或者海草的茎秆上产卵。乌贼能够通过摆动身体侧面那像裙子一样的鳍，快速而平稳地在水中游动，而且不会发出声响。它们也能将体内的水从一根体管中挤压出来，并利用喷出的水流，推动自己向后运动。

当乌贼发现了对虾或者别的美味佳肴时，它会小心翼翼地接近猎物，直到到达可以发动攻击的距离之内。然后，它会突然伸出两条最长的触手（这两条触手平时通常都隐藏在眼睛后面）抓住猎物。这两条触手的末端像铲子一样，上面长有吸盘，能够紧紧地抓住猎物，并将其送到嘴部周围的八条较短的触手中。乌贼在吃螃蟹之类的很难对付的猎物时，会先用鹦鹉喙一样的嘴把它们的壳咬碎，再吸食里面的肉。

你知道吗？

深渊中的猛兽

抹香鲸在与巨型枪乌贼（世界上最大的枪乌贼）进行一番搏斗之后，身上往往会留下被枪乌贼的吸盘攻击产生的伤疤。这些伤疤通常有 10 厘米宽，还有一些抹香鲸身上的伤疤宽达 45 厘米。可见，这种潜伏在深海中的怪兽着实令人毛骨悚然。

巨型枪乌贼有时候会被海水冲上海岸，或者被渔民们出于商业目的从深海中捕捞上来。目前发现的最大的枪乌贼总长大约 20 米。人们还曾经在抹香鲸的胃里发现了一些更长的枪乌贼触手，可以推断这些枪乌贼会更大，不过，这样的庞然大物还未曾完整地出现在人们面前。

在交配季节里，雄性乌贼身上的图案会变得更加色彩斑斓。它的一条长触手上的吸盘会变少，并肩负起繁殖重任——它负责将精囊送入雌性体内。雌性乌贼则会单独产下卵囊。

鹦鹉螺

纸鹦鹉螺和珍珠鹦鹉螺是章鱼和乌贼的两个奇异的亲戚。纸鹦鹉螺也叫船蛸，生活在温暖的海面附近。只有雌性船蛸有壳，它们会分泌出一种像粉笔一样的物质，形成一片薄薄的壳。它们把这片壳当作安放卵的摇篮，一旦卵孵化出来，它们就会将壳抛弃。与雌性相比，雄性船蛸要小一些。

珍珠鹦鹉螺不常见，主要生活在斐济和菲律宾附近的太平洋岛屿周围的海床上。它们长有四片鳃，而不是两片，并且通常有一片宽 15 ～ 22 厘米的盘卷起来的壳。在它们小的时候，壳是直直的圆筒形。随着它们的成长，以后每一年都会增加一段新壳，直到最后慢慢地盘绕成螺旋形状。珍珠鹦鹉螺的身体居住在最后一段壳中，也是空间最大的一段。它们的身体又短又胖，长有长长的体管，可以穿越整个螺旋，到达第一段壳。

在珍珠鹦鹉螺的嘴部周围有一堆像面条一样的触手，这些触手足有 90 条，上面都没有吸盘。

▲ 这只雌性纸鹦鹉螺为自己造出了一片薄薄的壳，并用它来安放自己的卵。一旦卵孵化出来，它就会丢弃这片壳。

▶ 一对正在交配的乌贼用触手紧紧拥抱在一起。在交配季节里，雄性乌贼身上的条纹会变粗。有时候，乌贼的卵囊会纠缠成一团被冲上海岸，看上去就像是成串的葡萄。

这只珍珠鹦鹉螺有一个螺旋形的壳，以及大大的、又圆又亮的眼睛，它的前部还长着像胡须一样的触手。看一看珍珠鹦鹉螺的内部剖面图（下图）就会发现，随着它慢慢长大，螺旋形的壳也一截一截增加。相邻的两段壳之间由一个像门一样的开口连接。

它们用这些触手来猎捕小型的甲壳类动物，并把猎物交给自己有力的颚和像锉刀一样的舌头。最里面的一对触手接合在一起，组成一个"头巾"，用来盖住壳的开口。珍珠鹦鹉螺的视力很发达。它们可以用体管吸水并将水喷出，从而获得动力迅速移动。它们还可以通过改变螺旋形的壳中的空气含量，来控制自己浮起或者沉入水中。在一些地方，人们会食用珍珠鹦鹉螺，并用它们闪耀着珍珠光泽的贝壳内层来装饰家具。

旋壳乌贼只有橡树果大小。它们也和鹦鹉螺一样，有着螺旋形的充满空气的壳，不过旋壳乌贼的壳是完全封闭在身体内部的。

无颌鱼

无颌鱼是一种低等生物，它们是恶毒的食肉和吸血的寄生鱼类。在进化的等级次序上，它们比真正的鱼类更加古老。无颌鱼的起源时间大概可以追溯到地球上开始出现脊椎动物的时候。

无颌鱼是一种像鱼一样的脊椎动物（无颚类脊椎动物），它们在 5.4 亿年前大量生存在地球上。但是今天，这个家族中的幸存者仅仅有两类——八目鳗类鱼和七鳃鳗，其他无颌鱼类如今都只以化石的形式存在着。

海里的吸管

一条海七鳃鳗挂在一条鳕鱼的身上吞吸血液。黑线鳕、青鱼、鲑鱼和大麻哈鱼都可能成为七鳃鳗的受害者。

◀ 这条海七鳃鳗的嘴上有一个吸盘，能够紧紧钳住一条鱼，并将尖利的牙齿刺进受害者的体内。

▲ 这条生活在河里的七鳃鳗通过吸嘴把自己附着在岩石上。成熟的七鳃鳗会朝上游迁移，这样它们就能在多岩石的浅水中生殖。

▲ 东太黏盲鳗看上去就像一根长有鳃须的肥肥的香肠，丑陋极了。但是这样的身体结构却有利于它猎食死鱼。

　　尽管彼此并没有密切关系，但八目鳗类鱼和七鳃鳗却有一些相似之处。它们类似鳗鲡，但都不是真正的鱼类，因为它们缺少鱼颌，而且没有带骨刺的鱼鳍。不过，它们有脊骨。它们的鳃口只是皮肤上的一些简单小孔，没有鳃盖。

钳子似的七鳃鳗

　　有一些七鳃鳗生活在淡水中，其余的生活在海水里。为了进食，许多七鳃鳗会先用身体上一个扁平的吸盘，把自己附着在其他鱼类身上。然后，它们身体上那一排排锋利的、角状的、如牙齿一样的体结，会将受害者的皮肤和鱼鳞锉掉。最后，七鳃鳗就通过受害者的伤口，把血液吸入自己体内。猎物因伤口而虚弱，这些伤口通常都会被感染，使猎物最终死去。

　　所有的七鳃鳗都会在淡水中度过相当长的幼年时期，在这期间，它们将自己埋藏在泥土里，或者隐匿在水中植物的根茎中。像蠕虫一样的小七鳃鳗，以它们从水中软泥里滤出的细小的有机物为食。有的七鳃鳗会埋藏在泥中生活5年或6年，在它们性成熟并准备繁殖前，能够长到15厘米左右。所有的七鳃鳗都会在繁殖后死去。

　　海七鳃鳗在温带地区的淡水河中长大，最后迁移到海洋中。它们是寄生动物，主要以鱼类为食，有时会也钩住一条像姥鲨这样的大鱼。它们会在海里生活好几年，在这期间可能会长到1米多长，然后返回到淡水中去生殖。

你知道吗？

黏黏的鳗鲡

八目鳗类鱼的身子下侧有两行小孔，这是黏液腺。从这些小孔里能够制造出强力黏液，因此，它们还有两个很普通的名字——"黏女巫"和"黏鳗鲡"。有一些种类的身体两侧有200多个腺体。这些黏液也许能够帮助它们钻入猎物的体内。

如果你把一条活的八目鳗类鱼放进一桶海水中，它会展开身上的腺孔，桶中的海水很快就会变成一桶黏液。这桶用八目鳗类鱼的分泌物与海水制成的黏液，远远比墙纸胶更有黏性。

所有成年七鳃鳗都会向江河的上游迁移到多石的浅水处。在这里，它们通过身上的吸嘴，成对地将自己固定在岩石上，然后在浅浅的"巢"中产卵。一旦这些卵被孵化出来，小七鳃鳗就会迁移到江河下游多泥的水域内。

没有下颌的奇迹

八目鳗类鱼主要生活在温带地区的海床上，它们将身子埋藏在硬泥中，只露出头部。还有几种八目鳗类鱼生活在热带深水中。它们是一种细长、无鳞、多黏液的生物，眼睛细小，没有瞳孔——它们能够察觉光线和运动，但不能

身体掠夺者

八目鳗类鱼有时会攻击鱼类，比如被渔民放在海里的多钩长线套住的大比目鱼。当它们从猎物身上撕咬鱼肉，或者逃离捕食者时，会把自己缩成结状，以获得力量。

看见真正的图像。生活在北大西洋中的八目鳗类鱼的分布并不广泛，但在挪威、苏格兰，以及美国马萨诸塞州的海岸处，它们都极为普遍。

　　八目鳗类鱼的嘴像裂缝一样，嘴上有短短的肉质触须（触须白鱼）。它们以死鱼或者垂死的鱼、虫子，以及其他生物为食。它们会首先将舌头上的两枚尖利的牙齿刺进猎物身体中，然后吃下猎物所有的肌肉和器官，只留下皮肤和骨骼。

鲨鱼和鳐鱼

锯齿般撕咬的牙齿，对血腥出奇敏感，这就是大白鲨——许多恐怖电影里的魔鬼。但鲨鱼也有可爱的种类，比如动作迟缓的海底草食性鲨鱼，还有温文尔雅的滤食性鲨鱼。

鱼主要有三大类，无颌鱼、软骨鱼和硬骨鱼，鲨鱼和鳐鱼属于软骨鱼。鲨鱼的化石记录可以追溯到 4 亿年前的志留纪，那时鲨鱼的种类非常多。但只有大约 815 种鲨鱼存活到了今天，而硬骨鱼却有约 2.4 万种。

▲ 大白鲨大概是所有鲨鱼里最危险的，不幸的游泳者在水中常遭到凶恶的鲨鱼袭击。但对鲨鱼来说，它可能只是错误地把冲浪运动者当成了海豹—— 一种它们最喜欢的猎物。

▲ 更大的和潜在的危险是鲨鱼会令人惊恐地游近海岸，像这条虎鲨，有时袭击就发生在浅水里。在鲨鱼出没不定的地方，如澳大利亚和南非，有游泳区的海里常放置拦网来挡住鲨鱼。

▲ 可怕的锤头双髻鲨长着一个奇怪的平头，在身体的前端它可以起到方向舵的作用。这种鲨鱼的眼睛长在软骨锤头的顶端。

虽然钙的沉积可以形成硬骨，但与硬骨鱼不同，鲨鱼和鳐鱼的骨骼都是软骨。它们的身体两侧各有 5 到 7 个腮裂（大多数种类是 5 个），位于两边眼睛后面的开口通常被叫作“喷水孔”。多数鲨鱼和鳐鱼的皮肤都像砂纸一样粗糙，皮肤上生有小的齿状盾鳞。

远航的食肉动物

鲨鱼大多生活在热带和温带海域，而在两极水域非常罕见。定期生活于寒冷水域的种类只有北大西洋的格陵兰鲨鱼（冬眠动物）和它的北太平洋近亲，在接近极地冰带地区可以发现它们的踪迹。格陵兰鲨鱼的长度最大可达 7 米，经常捕食海豹，也捕食各种鱼类。少数种类的鲨鱼会游进淡水，例如公牛鲨，会在赞比西河（非洲南部大河）等河流里溯流而上很远的距离；而恒河鲨，在印度的淡水和海水中都有它们的踪迹。

三角形的背鳍，
常常露出水面。

游泳健将

一条灰鲭鲨在追击一条鲭鱼。鲨鱼的身体结构有这样的作用：胸鳍使身体向上，尾鳍使身体向下。它不能转动腹鳍和胸鳍来减速，所以遇到障碍只能转向离开，而不能完全停住。

鳃裂

有裂缝的两片尾鳍

臀鳍

小腹鳍

大胸鳍

美人鱼的钱包

　　一些鲨鱼，像狗鲨，把卵产在一个坚韧的套子里，套子被固定在海藻或岩石上。胚胎依靠卵黄囊的营养发育，8～9个月孵化出幼鲨。孵化的幼鲨在几天里就可以独自觅食。而那些被海水冲上海滩的空卵套，被叫作"美人鱼的钱包"。

大眼睛

搜索气味的鼻孔

成排的利齿

白色的下腹

▲ 与鲨鱼和鳐鱼相近的是一群被视为"吐火兽"的鱼，以希腊神话的妖怪命名，其中包括银鲛（上图），生活在靠近欧洲西部，海下 100～500 米深的海床附近。

◀ 最大的鲨鱼中的一种——姥鲨，有时会出现在英国水域。姥鲨是滤食性的鲨鱼。航游时它那巨大的嘴张开着，一口吞下巨量的海水，从中筛选出个体微小的食物。

捕食习性

作为自然界的食肉动物，鲨鱼主要通过灵敏的嗅觉和感觉水中的震动来发现食物。它们在水中可以察觉到百万分之一浓度的血液。还有一些鲨鱼通过释放电流来寻找猎物的位置。很多种类的鲨鱼也有很好的视力。鲨鱼和鳐鱼都长着很多牙齿，这些牙齿会定期进行更新。

鲨鱼因猎食鱼类而闻名，它们大多长有适于撕裂肉体的尖利的锯齿状牙齿。然而，像角鲨等一些鲨鱼的牙齿却是平的，适于咬碎带硬壳的动物，比如像海胆、软体动物、螃蟹和大虾。

世界上有两种鲨鱼最大 10 米长的姥鲨和 12 米长的鲸鲨。它们只有极细小的牙齿，但却有像筛网一样的鳃，可以把海水表面的浮游生物过滤出来。

大开眼界

牙齿的更替

鲨鱼的上下颚都生有几排牙齿。前排的那些是"工作齿"，用来撕咬肉类。后面的是完全成形的牙齿，是用于替换那些损坏或脱落的工作齿的。新的牙齿在口腔的齿龈里不断生长，所以可以不断地替换。一条大柠檬鲨在一星期中大约会脱掉 30 颗牙齿。

生育

多数鲨鱼在出生时已是发育完全的幼鲨。雄性的鲨鱼在交配时，用鳍脚（所有雄性鲨鱼在靠近排泄口的腹鳍里都有一对鳍脚）把精子放入雌鲨的泄殖腔，使雌鲨体内的卵受精。像虎鲨一类的鲨鱼一次会产下 30 ～ 50 枚卵，最多可以产下 84 枚卵；而其他的鲨鱼，例如鼠鲨，一次却只能产一条幼鲨。

危险的相遇

多数真正危险的鲨鱼生活在热带。其中一些属于真鲨科家族，包括黑尾真鲨、远洋白鳍鲨和公牛鲨，它们是绝对不可小看的三兄弟。

少数种类，像大白鲨和虎鲨，是凶恶的食人鲨。然而，多数的鲨鱼对人是无害的，许多是以鱼类和海底的软体动物为食。而且有一些个体很小，侏儒鲨的身长只有 27.9 厘米。

鳐鱼

大多数鳐鱼生活在海底，它们的捕食方式不同，但通常它们都有发育完善的电流感受器，可以帮助它们发现隐藏在海床下的猎物。与盛产于欧洲的背棘鳐（鳐鱼）一样，大多数鳐鱼嘴里长着许多排像小刺一样的牙齿，以明虾、小虾、小鱼和小虫为食。其他种类如白斑鳐，长着相对较长的、匕首一样的牙齿，常以海床上的鱼为食。

你知道吗？

死神的拥抱

电鳐（有时被称作雷鱼）是动作迟缓的鱼，但当猎物接近时，它们会向前急游，用它们的"翅膀"包住猎物并施以强大的电击。猎物被电晕了，随后它们慢慢享用被电晕的猎物，一般是从头部开始。生活在大西洋的电鳐能产生 220 伏特的电压，身长可达到 2 米。

▲ 像有蓝色斑点的珊瑚鳐一样，鳐鱼通常生活在海底。它们展开的胸鳍构成了身体的主要部分，它们挥动这些像翅膀一样的鳍向前游动。

▲ 锯鳐有一个很不寻常的、像锯一样的长嘴，锯鳐用它到海底去探测软体动物和甲壳类动物，也用来砍伤或砍晕其他鱼类。

▲ 蝠鲼（又名"魔鬼鱼"）优雅地在水中"飞"过，这种温和而巨大的鱼重量可达到 5000 千克。巨大的脸部副翼（即它们的胸鳍前部）帮助把云集的浮游微生物引入嘴里，再用过滤器官进行收集。

蝠鲼是已知最大的鳐鱼，大约有 6 米宽。它们的鳃上附有过滤器官，所以它们能以微小的浮游生物为食。

刺鳐在外形上与白斑鳐相似，也有上述长在下腹的鳃孔，眼睛生于背部，刚好在喷水孔的前面。平躺在海底时，它们通过喷水孔呼吸。在温带海洋的海里和淡水里，已发现大约有 480 种刺鳐。它们的尾巴中部带有长刺——一种带有锯齿状锋刃的刺，刺上有带毒液的凹槽。刺鳐藏在浅水的沙子或泥里，如果被踩到，它们会把尾巴弯曲到背上，突然向上刺出。这似乎只是一种自卫行动，因为刺鳐嘴里的牙齿是平的，只能吃贝类动物。被刺鳐刺伤会非常痛苦，有时是致命的。

多数刺鳐生活在海里，但有大约 20 种河里的刺鳐，它们生活在南美东北部的淡水里。这些刺鳐相当小（长宽都为 40 多厘米），背上常有醒目的斑纹。它们的尾巴根部也有一根锋利的刺。

淡水鱼

在北半球的河流、湖泊等水域中，有各种各样的鱼。它们虽然不及热带淡水鱼的华丽，但仍然很迷人。苦鱼在蛤贝的硬壳中被孵化出来，阿拉斯加的黑鲸会被冻得像冰棒一样，但解冻后又会扭动着身体活下去。

在欧洲、北美洲和亚洲北部地区的淡水鱼类中，有很多有名的品种，如大麻哈鱼、鲑鱼、狗鱼、鲈鱼和鲤鱼。

这些温带淡水鱼在许多国家都能见到，因为它们生活的地区被大面积的海洋分割开了，而且通常来说，淡水鱼只适应淡水环境而不能在又苦又咸的海水中生存。淡水鱼之所以会大范围

▲ 七彩锦鲤有着惊人的美丽。它是一种土褐色的野生鲤鱼的后裔，色彩鲜艳夺目，有着和野生鲤鱼同样的嘴和腮须。

◀ 一对正在示爱的红眼鱼紧紧地贴在沙砾上，互相用鼻子爱抚对方。和鲤鱼家族中的其他成员一样，红眼鱼也是除了头部，全身都长满鳞片。

存在，这要追溯它们生存的这些陆地区域的历史，在远古时候，极地冰川消融，淡水水域就遍布了北半球的大部分地区。

鲤鱼

在全世界的淡水鱼中，鲤鱼的数量是最多的，仅在北美洲就大约有 250 种。在欧洲，人们最熟悉的是普通鲤鱼，它们最初产在多瑙河、黑海盆地和亚洲北部地区。它们很容易喂养，所以被引进到英国、爱尔兰岛以及世界上的其他许多地方。

鲤鱼喜欢在静水和流速缓慢的河水中生活，吃各种各样的昆虫幼虫、蜗牛、蠕虫和水草。它们能够长很大（身长往往超过 1 米）。鲤鱼家族中的所有成员都长着一扇背鳍，鳍上没有真正的鱼骨。

除了头部，鲤鱼全身都有鳞片。它们的下颌没有牙齿。它们用长在喉咙后面的牙（咽牙）咀嚼食物。

大多数鲤鱼都有大大的能产生浮力的鱼鳔，鱼鳔与大脑近处的内耳相连，因此它们在水下也有很好的听觉。这对于它们非常有用，因为它们大多生活在多泥沙的、视野浑浊的水域中。

生活在欧洲的鲤鱼有鲤科小鱼、拟鲤、红眼鱼、丁鲷、金鱼，它们大多是小鱼。但也有一些鲤鱼很大，像银鲤，它们可以长到 1.5 米左右。草鱼差不多也能长这么长，它们是吃植物的能手，有时把它们放入水渠中用水草养殖，它们竟能阻塞水渠。一旦水渠中所有的水草都被吃光，它们甚至还会去够得着的岸边吃草。

鲇鱼是鲤鱼的近亲，生活在欧洲、亚洲和北美洲。它们的名字来源于嘴部周围的长长的胡须（或者叫触须）。身长至少 3 米的六须鲇鱼，生活在欧洲东部的大河与湖泊之中。在欧洲的钓鱼者发现了它们，并把它们引入英国、西班牙、意大利的一些地区。它们生活在水底，常在夜间觅食，是欧洲仅有的两种鲇鱼中的一种（另一种是亚里士多德鲇鱼，主要生

大开眼界

苦鱼产卵

雌性的苦鱼有一条长长的输卵管（产卵器），它通过这根管子把鱼卵产到淡水中的河蚌体内。雄性的苦鱼把精子释放到河蚌附近的水中，河蚌把精子吸进体内。受精卵就在河蚌的体内孵化，等到卵黄用尽（鱼苗将卵黄作为食物），鱼苗才会离开河蚌的身体。

鲤鱼的内部结构

鲤鱼是典型的有骨鱼，身体由骨架支撑。内脏器官位于身体前半部的下侧。跟河鲈和其他有骨鱼不同，鲤鱼没有胃，仅有盘绕的肠子。在鱼头两侧，各有一片腮盖，它由三片扁平的骨头组成。腮盖保护充血的腮。腮是鱼的主要器官，用于呼吸，获取溶解在水中的氧气。

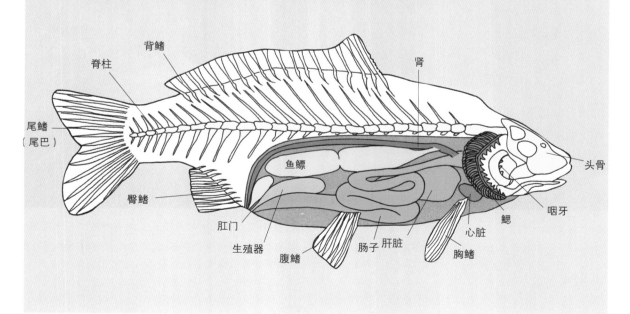

活在希腊河流和巴尔干半岛的水域中）。北美洲大约有 70 种鲇鱼（许多被称为大头鱼），其中多数都很小（大约只有 30 厘米长），但也有一些很大，比如运河鲇鱼（长约 1.2 米），常被捕来食用。

狗鱼

狗鱼也称鸭鱼，它的分布范围很广，从爱尔兰岛到欧洲和亚洲北部，再横跨整个北美洲，直到大西洋的海岸沿线。在北美洲，为了和生活在这里的其他三种鱼类区别，人们称它们为白斑狗鱼。

在狗鱼家族中，所有成员的外形和生活方式都很相似。它们身体细长，头部很大，有巨大的下颌，并且长着许多牙齿。它们并不很活跃，而是喜欢藏在水草丛中，或者躲在树根附近，这样它们那长满条纹的身体就很难被人发现。狗鱼主要通过灵敏的视觉捕食。当它们在隐身之处发现有鱼儿经过身边时，就会像箭一样冲上去把鱼儿咬住。

狗鱼（或者说白斑狗鱼）是一种大型鱼，大约能长到 1.5 米长，但和北美洲身长 2.4 米的大梭鱼相比，还是小了一些。

▲ 不管是鱼、家禽，还是青蛙，狗鱼对自己的食物并不挑剔，只要出现在自己的活动范围以内，都来者不拒。大狗鱼还会吃老鼠和小鸭子，据说有的甚至还会攻击落水的小狗。

▲ 失事沉没到水中的汽车，为狗鱼提供了一个理想的隐身之地。狗鱼并不四处觅食，而是静静躲藏着，等待着那些毫无警觉的猎物游近，然后迅速发动攻击。

26　发现之旅：鱼和鸟·动植物篇

狡猾的河鲈

　　河鲈是贪婪的捕食者。当它们小时，就吃甲壳类和昆虫的幼虫；当它们长大以后，并且长得很结实的时候，就开始吃鱼。它们时常埋伏在水草中，或者躲在桥的倒影中。绿色的背部和有深色条纹的侧面能帮助它们很好地隐藏，并在发现猎物之后迅速出击。

第二扇背鳍用来掌握方向

第一扇背鳍是刺状的，在攻击的时候会竖起来

鳃盖上的脊骨

小小的头部

宽宽的嘴巴

深色的垂直条纹

河鲈

　　河鲈（也叫鲈鱼）原本生活在欧洲和亚洲北部，现已被引进到澳大利亚、新西兰和南非。它们比狗鱼小很多，身长大约只有 51 厘米，但它们和狗鱼一样，也是猎食的好手。它们通常生活在湖泊和流速缓慢的河里。

　　河鲈在欧洲有许多近亲。同时，北美洲的镖鲈（小河鲈）大约有 150 个种类，它们生活在水底。河鲈的近亲包括梭鲈（长约 1.3 米，人们将它从欧洲其他国家引入英国）和蝌蚪鲇。蝌蚪鲇是欧洲的一种稀有鱼类，鱼身细长，约 12 厘米，生活在罗马尼亚维斯兰河的急流的岩石之间。在河鲈家族中，每个成员的背部都长有一对鳍，其中一片鳍是由细小的鱼刺骨构成的。

为食而生的嘴

　　只需要通过观察鱼嘴，就可以大致判断一条鱼的饮食习惯和生活方式。欧鲌在水面觅食，它的下唇凸起、朝上翻，嘴朝上翘成角度，这样才便于在水面上吸食小昆虫或其他的小虫子。如果在鱼嘴的周围长有触须或胡须，那么它们就可能主要是在水底觅食。下颌长满大大的牙齿，是食肉鱼的主要特征。

▲ 雀鳝（一种淡水硬鳞鱼）不但有长长的鼻子，还有长长的下颌，里面有锋利的牙齿。它们躲在埋伏地点，发现猎物后就迅速冲出，并大张着奇特的嘴，晃动着接近并咬住猎物。

▲ 六须鲇鱼长有宽宽的嘴，里面布满细小的牙齿，这便于它们吞咽食物。大的六须鲇鱼主要吃鱼，传说它们还会吃狗和羊。

▲ 在湖底和河底，鲤鱼靠它们那可以伸缩的嘴，以及敏感的触须来寻找并吮吸食物。

▲ 这些年幼的大麻哈鱼要长大后才能到海里生活。大麻哈鱼在水底的沙砾巢中产卵。河鲈在水草上产卵，并将卵织成带状。苦鱼把卵产在淡水河蚌的体内。

大麻哈鱼

　　大麻哈鱼（又称大马哈鱼）家族中的成员包括鳟鱼、鲑鱼、白鲑鱼中的几个品种，以及河鳟。在它们的背鳍和尾巴之间，长着小而多肉的脂鳍——我们可以通过这一点来辨别它们。

　　鳟鱼和大麻哈鱼是被人们大量食用的重要的鱼类。它们也喜欢运动。生活在北部地区的鱼，每年冬天都会从淡水水域迁徙到大海里去过冬。在北美洲，有 7 种大麻哈鱼每年都会从太平洋迁徙到淡水河流中去繁殖。在欧洲以及加拿大和美国的海岸沿

▲ 红鲑鱼会向河流上游迁徙。它们先要在海里生活好几年，用海里丰富的食物将自己喂养得肥肥大大的，然后再游回它们的出生地去繁殖。

线，大西洋的大麻哈鱼会游到河流的上游去繁殖。雌性的大麻哈鱼在河流的沙砾堆中筑巢、产卵，然后离去。

在欧洲南部的河流中，鲑鱼不会向海里迁徙，它们会在淡水河流中生活好些年，以昆虫为食。鲑鱼被引进到世界上的许多地方，包括环境适宜的非洲南部地区和新西兰。

你知道吗？

能报警的物质

在自然界中，有一些动物天生就有报警的功能。

在鲤鱼家族中，每一个成员都会通过一种不寻常的方式，避免进入食肉鱼的活动区域。在它们的皮肤表面，有一种能释放气味的特殊细胞，这种气味能被同一类群中的其他鱼儿闻到。如果一条小鱼受伤了，它所在鱼群的其他鱼儿即使没有看到它，也会因为闻到这种气味而迅速散开。科学家们还发现，如果把一口含有受了伤的小鲤鱼的鱼缸里的水移到另一口鱼缸，另一口鱼缸里的鲤鱼们就会变得惊慌失措，因为它们能够感觉到通过水传递的那种能使其警觉的物质。

鲤鱼家族就是通过这种方式使自己能世代生存下来。

海鱼

在我们生活的地球上，海洋大约占了地表总面积的十分之七。海洋是一个浩瀚的咸腥王国，是无数鱼儿们的家园。有一些鱼在市场里很常见，但大海里还生活着许多陌生而神秘的鱼类。

全世界大约有 2.6 万种不同的鱼，其中大约有 1.5 万种生活在海洋中。大多数海鱼（1.13 万种左右）都生活在浅海之中——海岸边、沿海水域中，或者环绕着陆地和岛屿的海床上。此外，大约还有 3000 种生活在 200 米以下的深海之中。而在一望无际的表层海水中，鱼的种类却很少（260 种左右），不过每种鱼的个体数量都非常可观。

骨头和鱼鳔

大多数海鱼都有骨骼（鲨鱼和鳐鱼有软骨）。海洋中的硬骨鱼包括鲱鱼、沙丁鱼、鲷鱼、庸鲽等，它们都被人类捕捞以供食用。硬骨鱼的鳍上也长有鳍刺，很多硬骨鱼的体表还覆盖着鱼

◀ 这条奇怪的翻车鱼在海洋里四处游动，觅食水母。这种饮食习惯意味着翻车鱼的骨骼很薄，不过它们可以长到很大——像一头老虎那么大（270 千克）！它们的形状就像一块扁平的混凝土板。

▲ 成群的小鱼，比如鲲鱼和沙丁鱼，为外出捕食的大型鱼类提供了丰富的食物，那些侥幸从捕食者口中逃脱的小鱼，也有可能突然被做成一盒鱼罐头，因为它们也是人类的美餐。

▲ 这种欧洲鲽和其他的比目鱼一样，完全适应了海底的生活。在那里，它们可以平躺在海床上，并通过颜色巧妙地伪装自己。欧鲽吃小型的甲壳动物、蠕虫和软体动物，偶尔也吃小鱼。

▲ 鲂鱼沿着海床"行走"，搜寻甲壳动物和小鱼。它们通过身体下方的三根胸鳍探测猎物，这三根胸鳍彼此分离，看上去就像是细长的腿。

鳞。它们的头部两侧各长有一块骨片，被称为鳃盖。大多数海鱼的身体里还有鱼鳔——这是一种可以充气的像气球一样的物体，可以帮助鱼儿在海洋中保持浮力，这样，它们不需要耗费能量就可以防止身体下沉。

有一些鱼大部分时间都生活在海床上，比如虾虎鱼和比目鱼，它们的体内没有鱼鳔，或者只有很小的一个。但是一些幼年比目鱼（比如欧洲鲽）却有着发育良好的鱼鳔，因为它们生活在水面附近。

海岸上的压力

世界上海洋的面积如此辽阔，因此有无限广阔的生境可供鱼儿们选择利用。其中一种有趣的生境就是海岸上高潮线与低潮线之间的地带。在这片区域生活着许多小鱼，比如鳚鱼、虾虎鱼、鲻鱼。当潮水退去时，许多鱼儿都被留在了只有几厘米深的水洼之中，于是它们需要找到一个办法躲避捕食者。鳚鱼和鲻鱼都很纤细，皮肤上没有鳞，这使得它们可以轻松地蜷缩进岩石裂缝之中，或者躲藏在较大的石头下面。

虾虎鱼是一种又短又粗的小鱼，可以躲藏在角落和裂缝里，但是它们更倾向于通过改变身体的颜色，使之与周围环境一致来隐藏自己，或者静静地躺着，以免引人注意。

有一些成年后生活在较深水域中的鱼，在幼年时期会选择在浅水处生活——通常是在海岸上，因为海岸上有很多可供躲藏的地方，比如在小水洼中、水草下面，或者沙子里。例如年幼的锯隆头鱼和巴蓝隆头鱼都生活在海岸上的水草中，而欧洲鲽、菱鲆、鳚鱼之类的比目鱼在幼年时期（只有邮票大小）都生活在水深只有几厘米的沙岸上。

但是，海岸上的鱼类的生活压力是很大的，它们需要具有很强的适应性。在炎热的天气里，水洼里温度会升高，而且随着水分蒸发，水的盐度也会升高；在大雨倾盆的时候，盐水又会被稀释，几乎变成淡水。

你知道吗？

发光的零食

在印度洋中生活着一种名叫印度镰齿鱼的鱼。它们长着小小的眼睛、大大的嘴，以及箭头形状的牙齿，而且，身体还会发光！刚刚被捕捞上来的时候，这种鱼能发出明亮的略带绿色的白光（磷光）。被风干之后，它们常常被制作成一种可口的食品，叫作九肚鱼。

成群的猎食者

深水中的生活比浅水中安逸一些，但是生活在这里的鱼也面临着一些问题。许多大型鱼类、乌贼、海豚和海鸟总是跃跃欲试，随时准备对它们发动进攻。

有一些鱼，比如大西洋鳕和它们的亲戚黑线鳕、绿鳕、黑鳕，会成群生活在中等深度的水域中。在每个群体中，几乎所有鱼都一样大，所以它们的力量和游泳能力也是一样的。它们密密麻麻地挤靠在一起游动，一起打滚、翻身，看起来不像是成千上万条小鱼的集合体，而像是一条超级大鱼。

许多种类的鱼都适应了群居战略，比如鲱鱼、沙丁鱼、鲭鱼、玉筋鱼、鳓鱼，以及许多种类的鲷鱼都是聚群的鱼类。准备发动进攻的捕食者会发现，很难把一条鱼从这个庞大的整体中捕捉出来。其他一些鱼则过着低调的生活，尽量避免引起捕食者的注意。大多数比目鱼，比如孙鲽、鳚鱼，都会平躺在海底，很难被发现。它们还会改变身体背面的颜色，使之与海床的颜色和纹理一致，以此加强伪装。

进食狂潮

　　在靠近海面的开阔水域中，鱼儿们会掀起一股进食狂潮。旗鱼、黄鳍鲔和剑鱼都会前来袭击成群的银鱼和频频跳出水面的飞鱼。

▲　一群能放电的梭鱼正在海洋里巡游。这种大鱼是凶残的猎手，它们满口都是像剃刀一样锋利的牙齿（见小图）。最大的梭鱼能长到1.8米长，甚至能够攻击人类。

扬帆远航
旗鱼在攻击猎物时，身体会变成青紫色。它们的背鳍长得很像一张布满褶皱的帆。旗鱼的速度可以达到110千米/小时。

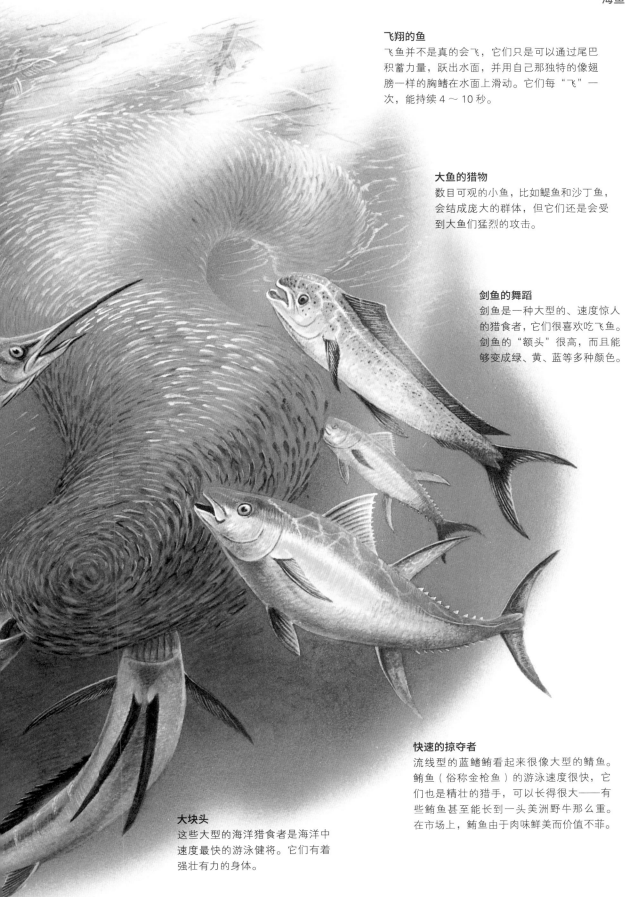

飞翔的鱼
飞鱼并不是真的会飞，它们只是可以通过尾巴积蓄力量，跃出水面，并用自己那独特的像翅膀一样的胸鳍在水面上滑动。它们每"飞"一次，能持续 4 ～ 10 秒。

大鱼的猎物
数目可观的小鱼，比如鲲鱼和沙丁鱼，会结成庞大的群体，但它们还是会受到大鱼们猛烈的攻击。

剑鱼的舞蹈
剑鱼是一种大型的、速度惊人的猎食者，它们很喜欢吃飞鱼。剑鱼的"额头"很高，而且能够变成绿、黄、蓝等多种颜色。

快速的掠夺者
流线型的蓝鳍鲔看起来很像大型的鲭鱼。鲔鱼（俗称金枪鱼）的游泳速度很快，它们也是精壮的猎手，可以长得很大——有些鲔鱼甚至能长到一头美洲野牛那么重。在市场上，鲔鱼由于肉味鲜美而价值不菲。

大块头
这些大型的海洋猎食者是海洋中速度最快的游泳健将。它们有着强壮有力的身体。

▲ 鲫鱼的背鳍起着吸盘的作用。这种长约60厘米的鱼能吸附在鲨鱼和其他大鱼的身上，并以寄生虫和食物碎屑为食。

大开眼界

爱做梦的鱼

　　有一些热带隆头鱼在晚上会睡觉，有时候它们甚至会侧卧在缝隙中或石头上休息。科学家们研究了加勒比海中的一条隆头鱼的睡眠习惯，注意到它在睡觉的时候，眼球会快速运动。这被称为快速眼动睡眠，是人类的典型睡眠方式。其他哺乳动物，比如狗，在做梦的时候也会这样。隆头鱼的这种行为暗示着它们也会做梦。

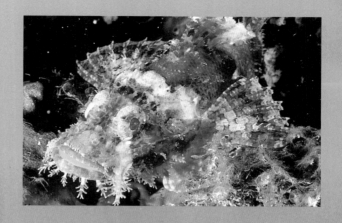

▲ 蓑鲉是一种有毒的鱼，它们能够通过鳍刺释放出剧毒的毒素。有毒的鱼通常会通过身上的斑纹来警告其他的鱼类，但是毒鲉（它们的毒素是所有有毒鱼类中最强的）却会使自己与岩石融为一体，如果人类一不小心踩到毒鲉的鳍刺，就很有可能因此丧命。

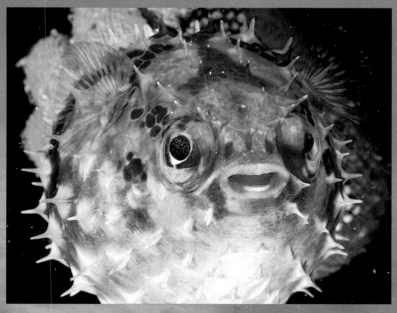

◀ 当捕食者决定把河豚当作晚餐时，河豚会像气球一样膨胀起来，这样它就很难被吞咽下去。在日本，人们常常把河豚端上餐桌，但是河豚的体内含有剧毒，所以只有经过专业训练的厨师才能做这道菜。

海鱼的繁殖

　　大多数海鱼都会在特定的时间聚集在特定的地点进行繁殖。它们通常会让卵自行孵化，但有些虾虎鱼会在软体动物的空壳里产卵，并由雄鱼守护这些卵，直到孵化出来。在印度洋和太

▲ 一条看上去脏兮兮的海鳝将头从缝隙中伸了出来。海鳝在夜晚出来活动，到珊瑚礁上觅食鱼类或者章鱼。大多数海鳝都有像针一样尖利的牙齿，能够用来猎捕并杀死猎物，但也有些海鳝的牙齿是钝的，专门用来碾碎虾和螃蟹。

▲ 小海马从爸爸的腹部钻出来，朝这个世界看了第一眼。雌性海马产下卵后，雄性海马就把卵放在自己身上特殊的体袋中，直到小海马孵化出来。

▲ 青枪鱼是一种强壮有力、速度非凡的大鱼，能做出漂亮的跳跃动作。这种鱼的嘴像剑一样尖锐，它们在穿过鱼群的时候，或许可以用嘴刺到一些猎物。

▲ 在澳大利亚的大堡礁，一个潜水者与一条好奇的巨型石斑鱼交上了朋友。这种肌肉发达的鱼长着一张大嘴，体形庞大，游速很慢。

平洋中，色彩艳丽的双锯鱼生活在海葵中间。它们会在靠近海葵的岩石上产下一团团的卵，这样成年双锯鱼和它们的卵都可以掩蔽在海葵长长的触手下面。一旦卵孵化出来，小鱼就要到开阔的水域生存，勇敢地面对凶猛的捕食者。

▲ 这条花鲑是珊瑚礁中的一个色彩明艳的美丽生命。有些鱼在珊瑚礁中通过艳丽的色彩来伪装自己，或者宣告领地。

珊瑚礁上的生命

　　珊瑚礁上生活着种类繁多的生命。珊瑚礁之所以能成为繁荣的栖息环境，一方面要归功于温暖舒适的温度条件，另一方面要归功于珊瑚礁中众多的枝杈和缝隙，它们为成千上万的无脊椎动物和小鱼提供了藏身之所。

　　数不清的鱼群，如雀鲷、蝴蝶鱼、天使鱼、刺尾鱼和扳机鱼围绕着珊瑚礁游动。各种各样

大开眼界

捕龟吸盘

在东半球的一些地区，渔民们会用一些特殊的工具来捕捉海龟。当人们发现一只海龟后，就悄悄驾船靠近它，然后把一条尾巴用细绳拴住的鱼投放到海里。这种鱼会迅速游向海龟，并牢牢地吸附在海龟身上。然后，船上的人用力一拉绳子，就可以把海龟提上来了。

的隆头鱼在珊瑚的缝隙间穿梭，鹦鹉鱼（这种鱼的名字来源于它们那像鸟喙一样的牙齿）甚至以活的珊瑚为食。

躲藏在珊瑚礁下面或洞穴中的是颜色不那么鲜艳的大型鱼类。比如，凶恶的海鳝会"埋伏"在洞中，只把头伸出来窥视猎物，而大群的体形相当于成年男子大小的鲈鱼在较大的洞穴里等候猎物的到来。

冰天雪地里的鱼

热带珊瑚礁中的鱼通常色彩艳丽，但是生活在大西洋中的鱼颜色要暗淡得多——其中有些鱼甚至是半透明的。在北极只生活着为数不多的几种鱼，但是在南极的冰原中，却生活着许多种类，比如南极鳕鱼（与真正的鳕鱼并没有亲缘关系）。南极鳕鱼早已高度适应了冰原地区的生活，它们甚至能在 −2℃ 的水域中生存。它们体内有一种防冻的体液，可以阻止身体结冰——身体结冰对于动物是致命的。

蔚蓝的海水

另一种辽阔的海洋生境是接近海面的开阔水域。这里生活着很多大型的"海上旅行家"，比如蓝鳍鲔、黄鳍鲔、大眼鲔这样的速度惊人的捕食者。这里还是黑皮旗鱼、白皮旗鱼之类的尖嘴鱼的觅食场所。

生活在海面以下更深一些的水域的都是大型鱼类，它们通常以小型鲭鱼、鳀鱼、沙丁鱼、鱿鱼为食。它们都是强壮的游泳健将，每年都会随着暖流旅行几千千米的距离。

深海鱼

你可能以为在神秘的海洋深处，寒冷、黑暗、没有生命。但是在这神秘的深渊中，其实生活着各种各样稀奇古怪的鱼，大多数都鲜为人知。

在海洋中 750～1000 米的深处，没有光线能够穿透，水中植物也没法在此生长。在这个深度以下的所有海洋生命，都要依靠阳光能够穿透的、具有"生产力"的海洋上层。在黑暗的、没有阳光的海域深处，生活着 1000 多种不同的鱼类。但是，随着捕鱼技术不断改进，科学家们仍在不断发现新的鱼类品种。

大多数深海鱼的体形小，鱼嘴大，鱼身上没有什么美丽的花纹。它们通常都是黑色的，许多鱼的皮肤上有能放光的光斑或光孔。尽管它们都拥有这些相似的特征，但形态却千奇百怪。

在深海鱼中，圆罩鱼是一种相当典型的鱼。它的鱼颌巨大，张开时是一张大嘴，嘴中有

你知道吗？

淤泥上的高跷

三脚架鱼鲀生活在大约 2000 米深的大西洋底部。海床上尽是柔软的淤泥。因此，这种鱼会利用它那像高跷一样的前鳍和尾巴尖，将自己支撑起来，防止陷入淤泥之中。这使它看起来有点像三脚架。

三脚架鱼的眼睛很小，在深水之中它们根本就看不见东西。但是，它会利用长在鱼头后部的长长的鳍刺探测猎物。任何猎物只要一靠近它们身边，敏感的鳍刺就能随时派上用场。

▼ 这是一条深海宽咽鱼，它的眼睛靠近鱼嘴。然而，它的鱼身却细长，鱼尾像鞭子一样。它最独有的特征是这张巨嘴，鱼嘴内部结构像铰链一样，它专门吞食大型猎物。

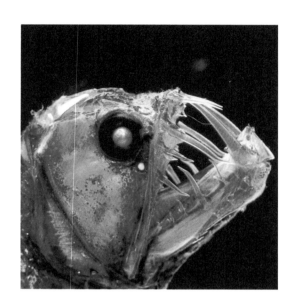

▲ 这条蝰鱼看起来非常恶心，它正在悄悄靠近一条小斧鱼。在水域的深处，它要么猎食其他鱼，要么被其他鱼猎食。大多数深海鱼都是捕食者，它们似乎能吞下自己能用鱼颌夹住的任何东西。

许多尖利的牙齿，鱼腹上有小如纽扣的发光器官，体长约 5 厘米。在圆罩鱼中，有几个品种生活在海域深处的较上层。圆罩鱼的数量非常多，人们认为在存活的脊椎动物中，它们的数量是最多的。

海蛾鱼、蝰鱼和叉齿鱼

海蛾鱼的猎物包括圆罩鱼、灯笼鱼和星光鱼。它们都生活在光线微弱的海洋世界中，在夜晚时分浮上水面，当太阳升起时就迅速沉入深海中。海蛾鱼有一张巨嘴，牙齿又长又尖，像犬牙一样凶残。它的鱼身是黑色的，鱼身两侧能发出像彩虹一样的光，这主要是由于光线反射引起的。它们的鱼颌上有长长的触须，触须尖端膨大，上面有发光器官，看起来就像球形火炬。触须会在它们的头前方舞动，一闪一闪的，诱惑猎物靠近，再趁机吞食。

▲ 这种大叉齿鱼的鱼嘴巨大，像巨穴一样，看起来真野蛮。任何猎物只要进入它们的嘴里，都无法再次逃生。深海鱼喜欢吃大餐，因为它们永远都不知道自己的下一餐在哪儿。

大开眼界

第一眼

最早在未知的深海世界中进行探索的是两位美国科学家——巴顿和毕比。1934 年，他们潜入水下 1000 米左右的黑暗的海洋深处，并记录下了他们的发现。带着自携式水下呼吸器的潜水者，最多只能潜到水下 100 米的深处；但是，巴顿和毕比使用了海潜球，这种机器能够下沉至海洋的深处，承受巨大的海水压力。

在一定距离内，蝰鱼也采用类似的战略诱捕小鱼。与其他深海鱼相比，它们的牙齿更长，齿上有倒钩，这足以将它们与其他深海鱼区分开来。虽然蝰鱼只有30厘米长，却能干掉一条大鱼，并且能将猎物整个儿吞下。

黑叉齿鱼也有巨大的鱼颌，有时，甚至能吞下一条与自己差不多大小的鱼（约18厘米长）。它们吞食大鱼时，通常会先把猎物折叠起来。

它们捕食大型猎物，并不是由于贪心，而是一种进食方式。它们必须抓住每一次进食的机会。因为在深海中，食物很少，像这种黑叉齿鱼，可能要等两周或者更长时间才能觅到猎物，因此，一旦见到猎物，它们就必须迅速采取行动，并将猎物吃下。

▲ 和许多深海鱼一样，蝰鱼也已经适应了微弱的光线。在它的体侧，有发光器官。它的牙齿很可怕，而且朝后倾斜，任何落入它口中的猎物，都无法从它嘴里再次逃出去。

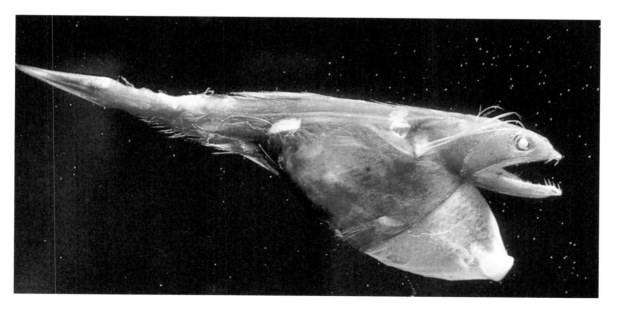

▲ 深海鱼的鱼腹具有弹性，在觅食的时候，能随时派上用场。这条黑叉齿鱼的鱼腹鼓胀着，它刚吞下一条与自己差不多大的鱼。受害者可能是它的同类。黑叉齿鱼是一种会吃同类的动物。

琵琶鱼和灯笼鱼

在深海中，有各种各样的琵琶鱼，而且数量极多。许多动物的身体都是圆胖圆胖的，但它们都不及琵琶鱼，琵琶鱼的鱼身近似球形。琵琶鱼的嘴也很大，鱼嘴上还有一根能发光的"钓鱼竿"。闪闪发光的"钓鱼竿"在它们的鱼嘴前方摆来摆去的，诱惑小鱼靠近。然后，它们会迅速"抓住"小鱼，无助的受害者只好成为琵琶鱼的快餐了。

大洋的深度

　　图中这片区域显示出了靠近海洋表面，具有"生产力"的上层海域。在海洋中，越深的地方鱼就越少。不过，在海洋的每一个深度中，都有鱼类生活。

表面水域
在海洋中，大多数的生命和生命行为都发生在这里。微小的植物和动物，以及许多较大的鱼类，都在这处阳光能够照射到的水域中大量繁殖着。

过渡区
许多深海鱼都生活在过渡区，在这处位于海床之上的区域中，几乎没有什么光线。

底部
海床上几乎没有什么鱼类。而生活在这里的三脚架鱼是一个例外，它可以利用长长的鱼鳍将自己支撑起来。

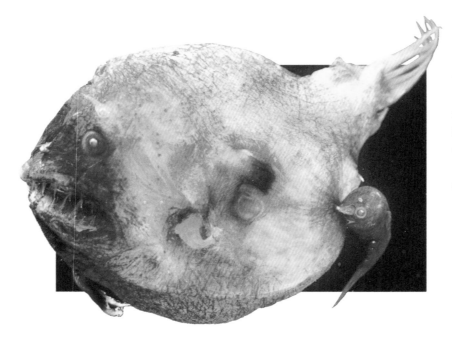

◀ 这条雌性琵琶鱼看起来有点像被水浸泡过的，或者快被消化的饼干。在它的身边，还跟随着一位"小乘客"——雄性琵琶鱼。雄鱼寄生在雌鱼身上，随时帮助雌鱼的鱼卵受精。

有一种琵琶鱼名叫银树须鱼，它那长在鱼颔上的触须长长的，像树枝一样，看起来就像是长在喉咙下的一束海草。它们的触须是白色的，也会发光。

琵琶鱼早已解决了交配问题。与雌鱼相比，年轻的雄性琵琶鱼很小，体长只有雌鱼的1/10。但是雄鱼的嗅觉非常灵敏，它们的嗅觉器官远远比雌鱼的嗅觉器官大。雄鱼能够找到雌鱼留下的气味，并在黑暗中沿着这种气味追寻雌鱼。

◀ 一条灯笼鱼正从一条深海斧头鱼的上方悄悄游过。斧头鱼在游动的时候，会把鱼嘴张开，随时吞食从它身边经过的猎物。斧头鱼还能够分泌出一团发光的雾状液体，将自己有效隐藏起来，从而躲避危险。

在某些品种中，雄性琵琶鱼会咬住雌鱼，像寄生虫一样伴随着雌鱼生活，并从雌鱼那儿获得食物。不过，雄鱼随时都能让雌鱼的卵受精。

灯笼鱼也有很多种类，它们是通过其他方式寻找配偶的。每一种灯笼鱼都有自己的发光器官，这些发光器官，要么位于体侧，要么位于鱼腹。有的品种中，雄性灯笼鱼与雌性灯笼鱼稍微有些不同。因此，到了产卵的时候，雌鱼很轻易就能找到雄鱼。

各种各样的鳗

在海洋中，鳗是数量最多的鱼类之一，从 1 米多长的线口鳗（乌黑色、鱼颌朝前突出，状如鸟喙），到生活在 1 万米深处、靠近海底的深海鳗，应有尽有。

黑色的吞噬鳗长着巨嘴，不会放过任何猎物。在它们的嘴后，是长长的、状如锥形、像鞭子一样的鱼身。吞噬鳗一般生活在海域的中间层，而不是生活在海域底部。

热带鱼

热带鱼水族馆里那些炫目的鱼鳍和缤纷的色彩，通常来自美丽非凡的热带淡水鱼。而热带淡水生物的栖居环境，由水族箱里的美丽景象和鱼儿品种的多样性就可窥一斑。

在热带湖泊、沼泽和河流里有着数以千计不同种类的鱼，而且每种鱼的数量往往也非常多。热带高温意味着很多鱼都能够迅速地发育成熟，并在早年时期就能产卵，这就使它们能够在一年内生育好几群幼鱼。热带淡水水域内有极为广阔的地方可供水中动植物栖居。随着不断地进化，很多种鱼都已经可以利用这种特殊的环境来维持生存。

热带鱼的分布

与遍布西欧、亚洲和北美洲的狗鱼不同，生活在淡水水域中的热带鱼的分布范围是有限的。大多数热带鱼都生活在有限的区域内，如一个湖泊或者一个河系中，或者只是某个河系的部分

◀ 雄性三角长尾虹对任何热带水族馆而言都是一种引人注目的鱼类。野生雄虹的体色比观赏性虹鱼暗淡，人们为了追求色彩和美观，对观赏性虹鱼进行了特殊的培育。

区域。

　　然而，某些鱼群（与单个物种相对而言）却广泛地分布在热带淡水水域中。这表明，在数亿年前，非洲、南美洲、亚洲和大洋洲四块陆地都是一块巨大的古老大陆的一部分。随着地壳的运动，新的大陆漂移分离，鱼群也随着大陆的漂移开始分散，并在互相隔离的情况下继续进化。

　　肺鱼的分布就很好地说明了这一点。如今，人们分别在大洋洲东部（1种）、热带非洲中部（4种）和热带南美洲的东部（1种）发现了肺鱼。已发现的这6种肺鱼都长着鳃和同样具有呼吸功能的原始的肺。鳃和肺进化得最好的是非洲肺鱼，它们生活在易于干涸的沼泽地带。在干旱时期，肺鱼会挖出一条深深的地道，地道末端有个凹洞。当水面下降，肺鱼就缩回到凹洞里，用黏液做茧将自己包裹起来，然后就一动不动地躺在那里，直到雨季来临。据悉，有一条肺鱼为了等待降雨，曾在它的茧里待了18个月之久。

天使鱼和"偷眼贼"

　　另一种迷人的鱼类是在非洲与南美洲的热带地区发现的丽鱼科鱼，在中东和印度也可以见到好几种丽鱼科鱼。

　　很多丽鱼科鱼的外形都与河鲈相似，在它们背鳍和臀鳍的前部各长着一根尖刺。大多数丽鱼科鱼的头部和身体上都覆盖着中等大小的鳞片。但在大约1500种丽鱼科鱼中，它们的身体形状和颜色却有很大的不同。

◀ 身上有大理石般的花纹的天使鱼，是一种体态优雅的丽鱼科鱼。在客厅的鱼缸里，它们长长的鳍和色彩斑斓的斑纹格外显眼。但是在水草丛生的昏暗的亚马孙河中，我们就很难辨识出它们了。

泰国斗鱼的繁育方式

　　当一对泰国斗鱼准备繁育后代时，它们就会进行一系列颇为壮观的求爱和交配程序。在求爱之前，参与决斗的雄鱼互相示威，最终则可能以战斗的方式结束。泰国人专门挑选出那些色彩艳丽的鱼进行选择性培育，将它们作为观赏鱼，雄鱼更是常被用于赌博性质的斗鱼比赛。在野外，它们的颜色就暗淡了许多，但行为方式却和水族馆里的同类一样。

大开眼界

只有雌性的游泳者

　　南美洲的亚马孙帆鳍鲈是一种非同寻常的鱼，因为它们只有一种性别——雌性。或许你会问，雄鱼是繁衍后代的必要因素，它们不会在繁育后代时出现问题吗？

　　可是帆鳍鲈非常聪明——它们从其他种类的鱼那里借来雄鱼完成受精，从而巧妙地避过了这个难题。通过这种方式，亚马孙帆鳍鲈始终延续着它们只有雌性的传统。

紧紧相拥
雄鱼夹住雌鱼，并在雌鱼产卵的同时，使鱼卵受精。

气泡鱼巢
雄鱼吹出很多泡泡，建成了一个鱼巢。

闪闪发光的鱼
鱼巢建好后，它就会向雌鱼炫耀一番，展示它雄壮艳丽的鱼鳍。

丽鱼科鱼身体外形上最引人注目的变异是在淡水天使鱼的身上。这种天使鱼的身体就像受到了挤压一样，背鳍和臀鳍非常高，腹鳍很长。在热带鱼的鱼缸中，它们是很寻常的鱼种，富有特色的体纹和体形使它们格外引人注目。但在其原产地——亚马孙河棕色的河水里，它们将自己隐藏在水草中，或者在两条树根或者沉入水里的树枝中间，它们银色的身体上点缀着暗色的竖条纹，在深夜里是很难被发现的。在非洲大湖区，有好几百种丽鱼科鱼。但在这里，同种丽鱼都会集中生活在同一个湖中，而且其中有一些鱼种仅仅生活在某个湖区中的某种特殊环境里——例如，在深水的岩石中间。

有些丽鱼科鱼在进化过程中形成了特殊的饮食习惯，它们的牙齿也只能适应某一种食物。有些鱼种只吃蜗牛，有些鱼种长着向前探出的牙齿，可以把其他鱼的鱼鳞剥落下来。还有一种

吹回鱼巢
雄鱼保卫着鱼苗，不断地用气泡修复鱼巢。鱼卵孵化后，它就接住下落的鱼苗，并将它们吹回到鱼巢上面。

嘴巴育儿
雄鱼放开雌鱼，然后游到鱼巢下方，用嘴巴接住受精卵。

转移鱼卵
雄鱼将鱼卵从嘴里吹进气泡鱼巢里，雌鱼也会来协助它。

▲ 虎皮鲃是热带鱼缸里的自卫队。它们会用尖锐的牙齿咬其他的鱼，并因此而小有名气。南亚的热带淡水水域是它们土生土长的家园。

跳跃的银龙鱼

银龙鱼是生活在亚马孙森林里的一种大型淡水鱼。有时可以看到它们从水里跃出，捕食水面上的昆虫、蜥蜴，甚至小鸟。

生活在马拉维湖中的丽鱼科鱼，长着长长的鱼嘴和角状颚，专门攻击其他鱼的眼睛并把它们咬出来（尽管它也吃小鱼和水生昆虫）。

小小的育儿者

丽鱼科鱼的繁殖习性令人着迷。一般来说，它们会表现出两种照料幼鱼的方式。很多丽鱼科鱼都会将鱼卵产在湖泊或河流的底部，然后双亲会共同保护这些鱼卵，直到幼鱼孵化出来。

许多非洲丽鱼科鱼都是口育鱼——雌鱼用嘴含着受精卵，直到孵化出幼鱼。其中有很多口育鱼还会将幼鱼也含在自己的口中。有少数几种鱼还会将这两种保护幼鱼的方式结合起来，它们会将鱼卵产在水底并保卫它们，孵化出来后又会将小鱼苗含在嘴里。

在南美洲的丽鱼科鱼中，几乎没有口育鱼，但是七彩神仙鱼（侯爵夫人鱼）有一种特殊的照顾后代的方式。这是一种色彩绚丽的鱼，有时可以在家用鱼缸里见到它们。雌性神仙鱼的皮肤上会分泌出一种乳状的物质来喂养幼鱼。

脂鲤及其他鱼类

脂鲤是另一种数量庞大而重要的淡水鱼群，主要生活在非洲和南美洲。有一些脂鲤是热带水族馆中的常见鱼种，其中包括身形娇小却色彩艳丽的脂鲤。在热带鱼的鱼缸里，最常见的鱼种中，有这样两种鱼，一种是来自亚马孙河中游和巴拉圭河域里的宝石脂鲤，另一种是来自亚马孙河上游的霓虹脂鲤。

◀ 霓虹脂鲤通常成群出现，在它们的故乡——亚马孙河那色彩斑斓的河水里，它们耀眼的色彩让人很难辨认出它们的踪迹，当它们以庞大而富于干扰性的群体出现时，尤其如此。

▲ 这种非洲刀鱼就像一把餐刀。它们的体形就像一片刀，而且能够产生电流——这有助于它在水下找到道路。

脂鲤是一种长约4厘米的小鱼，成群生活在一起。令人惊讶的是，它们的色彩异常艳丽却依然生存了下来，因为明丽的色彩通常会引来捕食者的注意。但是脂鲤的体色不仅明亮，还会反光。在它移动时，闪闪发光的颜色会暂时消失，然后再现，因此在深色的水域里，这些小鱼看上去并不像它们在鱼缸里显得那么耀眼。

大开眼界

再次泼溅

在亚马孙河下游里奥帕拉潮湿的死水里，溅水脂鲤将卵产在悬浮在水面上的树叶或者灌木上。雌鱼会跃出水面，产下多达60枚的鱼卵，随后雄鱼会使这些卵受精。然后，雄鱼就待在卵下方的水面附近，用它长长的鳍拍打水面。接下来的两三天里，它每隔20分钟左右就会重复一次这个动作，直到鱼苗孵化出来并落进水里为止。

▼ 当严重的干旱来临时，池塘中的水不断减少，濒临干涸，非洲肺鱼就会进入夏眠状态。它在一个充满黏液的洞穴里呼呼大睡，等待着雨水的到来。

▲ 琴尾鱼生活在西非的沼泽和河流里。它们在旱季来临时繁殖，然后死去。但是它们粗糙的鱼卵被埋在池塘里的干泥块中，在雨季来临时才孵化出来。

▲ 非洲马拉维湖中的一条雌性丽鱼温柔地吐出它的幼鱼。危险来临时，这些细小的丽鱼就会躲进妈妈的嘴里；危险过后，鱼妈妈才会让这些鱼宝宝们再次自由活动。

水虎鱼和它的近亲

几乎所有的脂鲤都是食肉鱼，其中包括生活在亚马孙河里的水虎鱼，这种鱼长着像剃刀般锋利的彼此咬合在一起的牙齿。任何动物如果不幸落入有大量水虎鱼滋生的水域里，那它的处境可就十分危险了——一群水虎鱼可以在

▲ 尽管水虎鱼长着剃刀般锐利的牙齿，但它们并不全是食肉鱼。另外，任何动物蹚过河流时，如果恰逢一群肉食性水虎鱼聚在那里，就很可能在几分钟内只剩下一堆干干净净的骨架了。

你知道吗？

盲鱼

有很多住在洞穴里的鱼，如图中的墨西哥洞穴盲鱼，看不见任何东西。事实上，生活在黑暗中的它们也并不需要良好的视力。但它们在游动时并不会因此撞到任何东西——它们对水流的波动非常敏感。

▲ 青绿色的雌性七彩神仙鱼成群地挤在一起，像一辆漂流的奶车。与普通鱼身上的护身黏液不同，雌性神仙鱼披着一层从皮肤里分泌出的乳状物。在它身体前部的背鳍附近，小小的神仙鱼幼苗轻咬住妈妈的皮肤，吸吮着这种有营养的黏液。

▲ 图中这两条粉色的接吻鱼在相遇时，会面对面地将鱼唇粘在一起，似乎感情极好。实际上这些雄鱼并不是在接吻，而是在彼此战斗。

几分钟内就将一头大型动物的肉撕碎并吃光。水虎鱼的一些近亲，如银板鱼，虽然看起来和水虎鱼很像，但却是食草鱼。它们也长了很多牙齿，但只是用来撕咬从水面上方的果树上落到水里的果子。

尽管很多脂鲤都很小，但也有一些个头儿比较大，可以作为热带非洲河流中重要的食用鱼。大型虎鱼生活在刚果河和马拉维湖中，据说可以长到 1.8 米长，重量可达 57 千克。它的身体带有斑纹，长着满口令人生厌的牙齿。这是一种喜爱运动的鱼，也是很受钓鱼者喜爱的鱼。

湄公河里的"金刚"

在温带淡水水域里生长良好的鲤鱼家族，在热带淡水水域中也有很多亲戚。它们包括很多来自斯里兰卡和南亚的小鲃鱼。一些色彩最艳丽的鲃鱼被养在热带鱼的鱼缸里。鲤鱼的其他亲戚体形庞大，如生活在维多利亚尼罗河中的里彭瀑布鲃，能长到 1 米长。和热带鲇鱼一样，鲃鱼的数量也很多，分布在非洲、南亚地区。

热带鲇鱼的体形大小不一，有的很细小，有的却很庞大。最大的鲇鱼之一是湄公河鲇鱼，它能长到约 2.5 米，生活在泰国、老挝、柬埔寨和越南地区的河流里。我们对这种鱼的了解很少，但据说它们会将卵产在湖里或者湄公河较大的支流里。有时，人们也能抓到这种鱼来做特殊的筵席，但是近些年来，已经不太容易看到它们了。大多数鲇鱼的鱼嘴周围长着很多长长的触须，但湄公河鲇鱼却与它们不同，只在嘴角长着两根小小的触须。

企鹅

企鹅在岸上的时候，就像穿着紧身裤子的侍者，步履蹒跚。不过，当它们在水里时，却是身体呈流线型的游泳和潜水专家，宛如优雅、敏捷的水中蝙蝠。

企鹅一共有 18 个品种，但它们都不会飞。它们的翅膀已经进化成了类似划桨一样的东西。当企鹅在水里表演它们的"飞翔"技能时，这对"划桨"就能发挥巨大的作用。

企鹅看起来都很相似，它们的背部和脑袋都是黑色的，胸腹是白色的。但每种企鹅都有一些细微的差别，例如喙、白色或者黄色的面部标记，有的在眼睛上还长有羽饰。它们的大小各异，有如小孩儿大小的帝企鹅，也有如鹦鹉大小的蓝企鹅。它们的脚长在身体末端，脚上有蹼，可以像方向舵一样控制身体。

大多数企鹅都生活在南半球，尤其是在冰冷的南极地区。黑脚企鹅（也叫斑嘴环企鹅，它的叫声像公驴）却在非洲的阳光下繁殖，在南非海角的水域中觅食。加岛环企鹅、麦氏环企鹅、洪氏环企鹅都生活在热带地区，在来自南极的寒流中觅食。

▲ 帝企鹅经常列队前行。它们还经常用腹部滑行——这被称为"雪橇滑雪运动"。

▲ 在繁殖季节里，冠企鹅正在互相向对方求爱。像马可罗尼角企鹅和帝企鹅一样，这些企鹅的眼睛上都有黄色的羽饰。

▲ 像海豚一样的阿德里企鹅在海洋冰面上成弓形状。企鹅在海里的时候是自由自在的，它们游泳和潜水的姿势就跟鱼雷一样。

在恶劣的气候中生活

企鹅大多数时间都生活在海里，但它们会上岸，去那些孤立的海岸边繁殖。这些海岸都被南极的寒流冲刷过，有大量鱿鱼、鱼、磷虾和其他企鹅赖以为食的海洋动物。

在冰凉的海水中，企鹅需要能够很好地抗御寒冷，而它们的羽毛正是抵抗严寒的理想工具。它们的羽毛又长又细，向下覆盖着身体。在羽干的根部，还长着一丛丛蓬松的毛，这些毛就像一层垫子，既防风又防水。企鹅浑身上下都披着厚厚的羽毛。阿德里企鹅甚至连嘴喙部位都长了羽毛。

在羽毛下面还有一层脂肪，可以帮助企鹅抵御寒冷。企鹅上岸的时候，如果不小心被翻滚的海浪抛了出去，撞向冰块或岩石，这层脂肪还能保护它们不受伤害。企鹅还擅长从水面上跳跃起来。阿德里企鹅可以跳到冰面以上 2 米多高的地方，尤其是当豹形海豹（一种捕食温血动物的海豹，外形长得像豹）潜伏在附近的时候。

巨大的、凶残的豹形海豹躲藏在冰面边缘之下，等待时机捕捉一只或者两只企鹅。在岸上，贼鸥和其他的食肉动物会偷盗企鹅的蛋，或者袭击小企鹅。

企鹅的繁殖

雌性企鹅或者在地面简陋的窝里，或者在一个用鹅卵石、树枝和动物骨头搭建起来的精巧的巢中，生下一两个企鹅蛋。这些窝巢不但能防止企鹅蛋滚落出去，还不会让它们碰到寒冷的、融化的冰面。还有一些企鹅在岛岸的草丛中繁殖。

这些蛋要孵一到两个月。小企鹅要么和父母待在一起，要么在没有父母的"孤儿院"（有时候企鹅父母疏于照顾孩子，就把它们成群放在一起）里待 10 周左右的时间，而没有父母的帝企鹅却通常会在这样的"孤儿院"中待 13 个月。

在企鹅中，帝企鹅是最大的，重达 16 千克。比起小动物，大动物的身体能更好地保存热量，所以帝企鹅能够在海洋冰面和南极海岸最冷的地方繁殖后代。成年企鹅在每年三月上岸，它们越过冰面，前往固定的繁殖地点。它们求偶、交配，最后在一片黑暗的南极冬季中产卵（下蛋）。雄企鹅在孵蛋时，会先把蛋小心翼翼地放到足背上，然后用腹部下端呈褶皱状的皮肤把蛋盖住。为了防止热量流失，几千只企鹅会紧紧挤靠在一起。在孵蛋期间，它们不会吃任何东西，只依靠体内储存的脂肪生存。为了节省能量，它们只是静静地站在寒冷的空气中，依赖彼此挤靠在一起的热量，而不会再干别的事情。

雄性帝企鹅不会防守自己的领地，所以在一群帝企鹅之间，相对比较安静。另外，个儿较小的巴布亚企鹅、帽带企鹅和阿德里企鹅则是领地的护卫者，由于它们各自都要捍卫自己的权利，所以每群企鹅中间都异常喧嚣。

虽然雌企鹅不负责孵蛋，但它们负责喂养。小企鹅孵化出来后，雌企鹅会带许多鱿鱼去喂养小企鹅。饥饿的雄企鹅会随雌企鹅不断变换地点，直到把小企鹅交给雌企鹅后，才离开觅食。在 2～3 周的时间里，雌企鹅通过反刍食物喂养小企鹅，然后，雄企鹅和雌企鹅会轮流喂养它们。到了 12 月，小企鹅就基本准备好要去海里生活了。

大开眼界

认识企鹅

为了了解并认识企鹅，研究人员会给企鹅穿上一件特制的衣裳。这件衣裳上装有无线电跟踪设备。通过从定位天线中传来的"啵啵"声，研究人员就能对这些企鹅进行导向目标追踪，看看它们到底在做什么。

▲ 帝企鹅凝视着它们的小宝贝。在孵化的时候，成年企鹅会用它们腹部下端褶皱的皮肤把蛋盖住，当小企鹅孵化出来后，这块褶皱的皮肤还能保护它们。

▲ 这群处于繁殖期的黑脚企鹅在纳比米亚的群岛上。它们在水中和陆地上为自己寻找安全之地。

海鸟

海鸟以各种不同的方式活跃在海洋上，充分享用海洋中丰富的珍藏。所有的海鸟都是伟大的旅行者，有的海鸟仅仅为了寻找食物，就能够飞行数千千米。尽管它们具有非凡的"航海"技能，但每年它们都必须返回到陆地上去生育。

海洋占据了地球表面的绝大部分，仅仅太平洋就占了地球表面 1/3 的面积。海洋中生活着大量鱼类、鱿鱼和浮游生物。一些鸟儿进化出了各种进食的方式，充分享用海洋中丰富的食物。在海鸟中主要有信天翁、海燕、海鸥、海雀，还有企鹅、憨鲣鸟、鸬鹚、鹈鹕等。

成群的海燕

信天翁和海燕都属于鸟类中的"管鼻目"。沿着它们的鸟喙上部，长有特别的、像管道一样的鼻孔，这有助于它们嗅到远处的食物。它们大小各异，从像鹅一样大的信天翁，到小巧的、比花园中的麻雀大不了多少的暴风海燕。和大多数的海鸟一样，它们的寿命很长，通常能活 30 多年，或者更久。但是它们的繁殖速度很慢，有的信天翁哺育一只幼鸟需要 11 个月。

虽然与生活在热带雨林中的鸟儿相比，海鸟的种类并不多，但是它们的数量极多。据估计，仅黄蹼洋海燕在全世界就有 1 亿多只。

与众不同的海鸟

海雀、海鸥和燕鸥都属于一个非常与众不同的种类，与涉禽有一定的亲缘关系。大多数鸟儿都是海洋上空的飞行专家，但也有一些鸟，比如黑浮鸥，主要生活在内陆湖泊和沼泽中。

海鸟有许多不同的捕猎方式。有一些鸟儿很喜欢从空中直接俯冲入水猎食，比如燕鸥。还有许多鸟儿通过把猎物从水面铲起来的方式猎食。暴风海燕在水面拍打着，觅食浮游生物。其他一些鸟儿则专门在水下追逐猎物。海雀，比如海鸠和海燕，尤其擅长这一点，它们几乎是在

▲ 一群黄蹼洋海燕在水面上一边走，一边进食。当它们在浮游生物中觅食小型甲壳动物时，会在水面上鼓翅，激起阵阵水花。尽管它们体形小，但这些鸟儿都能飞到遥远的海洋上觅食。

水中飞行，一次潜水就能猎捕到满嘴的鱼儿。大大的、像海鸥一样的贼鸥，并不会自己猎食，而是抢夺其他鸟儿的猎物。有时，数只贼鸥会同时无情地追逐一只燕鸥或海雀，不断地朝它们俯冲，直到它们将猎物丢弃。

飞行冠军——信天翁

虽然有一些海鸟，比如企鹅，已经丧失了飞行的能力，但大多数海鸟都是飞行高手。在它们中，最好的飞行家可能是信天翁。这些翼展宽达 3.5 米的非同寻常的鸟儿，每年能在海洋上飞行数千千米。最近一项研究表明，这些鸟儿能够以每天 500 千米的速度，在南半球的海洋上空飞翔，而且在飞行中几乎不会拍打翅膀。

你知道吗？

糟糕的运气

有一些海鸟享有"超自然"的声誉。例如，人们有时会把信天翁和坏运气联系在一起。这种观念可能源自于一首诗——萨缪尔·柯勒律治的《古舟子咏》。在这首诗中，诗人描绘了船上的水手射杀了一只信天翁，然后船上的船员们都陆续遭遇了各种噩运。

流浪者

　　流浪的信天翁是飞行大师。在所有的海鸟中，它们可能是最大的，寿命也是最长的。冬天，在凛冽的寒风中，它们在南半球海域的上方向东飞行。在绝大多数时候，开阔的海洋都是它们的家园。

高高地飞翔
漂泊的信天翁拍打着巨大的翅膀，在多风暴的南半球海洋上空毫不费力地滑翔。

振作精神
对于如此巨大的鸟儿，起飞是有困难的。它需要长距离的助跑，才能达到起飞时的速度。信天翁在海洋上生活了好几个月以后，当它们准备繁殖时，往往会成群地登陆。

鱿鱼的捕食者
它们降落到海面上，从水中捞鱿鱼和鱼儿来吃。未成年的鸟儿先要在海洋上生活5年左右，然后才会前往自己的繁殖之地。

巢丘
漂泊的信天翁哺育幼鸟的时间很长，所以，它们每两年才会生育一次，并且分享彼此的巢穴。许多信天翁都会一小群一小群地在遥远的岛屿上繁殖，它们会筑起一种像圆丘样的巢穴。

▲ 一群刀嘴海雀正在海岸边的岩石上休息。它们是海雀家族的成员，能够进行一系列精美的问候与求爱表演。在表演中，它们会高高地仰起头，张开鸟喙，并露出亮黄色的口腔。

▲ 在所有的海鸟中，银鸥是最为人熟悉的一种鸟儿。在繁殖的季节里，雄性银鸥粗糙的叫声，既是宣告对领地的占有，也是在召唤着雌性银鸥。当成年鸟儿返回到巢穴中时，小鸟就会上前啄父母的鸟喙上的红点。这会令成年鸟儿咳嗽，并把自己收集在喉中的食物吐出来。

▲ 当这只黑色剪嘴鸥用它那长长的下喙劈开水面时，它正俏皮地示范着捕鱼技巧呢。当剪嘴鸥用它那像犁一样的鸟喙在水面觅得了猎物后，就会立刻将鸟喙闭上。

▲ 这三只管鼻藿可能是在争夺食物。这只张开鸟喙的鸟儿，正鼓起脖子，并吐出胃里的一种油脂，试图把其他鸟儿赶走。管鼻藿非常喜欢鱼、海豹和鲸的内脏。

◀ 漂亮的楔尾鸥在遥远的北极苔原地区繁殖，那里是一片几乎没有树木的荒凉平原，地面是永久性的冻土。在繁殖的季节里，这些鸟儿的羽毛会变成精美的粉色。这种颜色可能来自磷虾——这是它们的主要食物。

它们之所以能做到这一点，是因为利用了靠近海面的风速比高空中的风速慢的事实。它们持续地上下滑翔，利用风速的不同将自己保持在空中。

这些大洋上空的漫游者要等好几年才会繁殖。乌信天翁要到十多岁以后才会生育，而且在它生育前，求爱期长达四年。大多数信天翁都生活在多风的南半球的海洋上，但是有三种信天翁在北太平洋繁殖。还有一种信天翁，即加岛信天翁（也称弄潮信天翁），在位于热带地区的加拉帕戈斯群岛上繁殖。人们还没有在北大西洋发现过信天翁，虽然有一些鸟儿偶尔会飞进这些海域。

在海鸟中，信天翁并非是唯一能够长距离飞行的鸟。马恩岛海鸥主要在英国爱尔兰周围的岛屿上繁殖，冬天，它们却在南美洲的海岸边觅食。

成群繁殖的鸟儿

在所有的海鸟中，角嘴海雀可能最有名，也最受人喜爱。它们那色彩艳丽的、像鹦鹉一样的喙，以及滑稽的、直立式的行走方式，在几个世纪以来，都引起了爱鸟人的兴趣。冬天，它们在海面上大量进食。春天，它们返回自己的繁殖之地——通常是一些遥远的岛屿，在这些岛屿上，它们用大大的鸟喙挖掘地下洞巢。角嘴海雀一到岛上，就会立刻举行精美的求爱典礼。它们互相鞠躬，并且彼此敲击、摩擦鸟喙。但是它们之间也可能发生争斗。

它们会在巢穴中的隧道尽头处产下一枚蛋。当小鸟准备离巢时，如果在夜幕中，它们只会进行短暂的出海飞行。而如果在白天，小鸟却会飞离自己的繁殖之地，直到好几年后，才重新回来准备生育。

大量的角嘴海雀

这种样子滑稽的鸟儿是勇敢的航海家。它们在海洋上过冬。春天时，一群群准备繁殖的鸟儿就会聚在一起。在一个群体中可能会有成千上万只鸟儿，但许多群体中都只有几百对繁殖的鸟儿。

满嘴食物

这是一只进食的角嘴海雀。它含在鸟喙中的猎物（小鱼儿）多得令人吃惊——通常是一打小鱼儿，但有时它们鸟喙中的小鱼儿多达50条。它们每次潜水都能抓住好几条鱼。

着陆

角嘴海雀张开翅膀和有蹼的足，降落了下来。

像筏一样

冬天，数百只角嘴海雀聚在一起，像一排排竹筏一样跟随着大量鱼儿。它们那三角形的鸟喙在冬天的时候颜色单调。

幼鸟

在巢穴中，成年鸟儿用小鱼儿喂养幼鸟，幼鸟很快就长成一团肥肥的绒毛球。五六周后，幼鸟就会离开巢穴。

冲浪和草皮

在它们的繁殖之处，成对的角嘴海雀用鸟喙在海边悬崖上的草皮中挖掘地洞。它们那鲜艳的鸟喙也用来表演和防御。

▲ 这只管鼻鹱正在清晰地展示鸟喙上方像管道一样的"鼻子"，它是海燕家族中的典型成员。"鼻孔"能够帮助它们探测气味，并且在判断风速的时候也很有用。

刀嘴海雀和海鸠也是拥挤着在海岸边繁殖，不过它们更喜欢岩石边缘和悬崖。当它们到达繁殖之地时，成群的海鸠都会在水面上表演舞蹈庆典。有时候，会有上百只海鸠加入这种表演飞行中。当成对的刀嘴海雀相互摆姿势求爱时，会喋喋不休像响板一样叫个不停。北太平洋的小海鸦是角嘴海雀的近亲，它们在遥远的岛屿上的洞穴中繁殖。斑海雀大多数时间尽管都在海洋上度过，但它们却在遥远

大开眼界

北极的旅行者

在候鸟中，迁徙冠军可能是北极燕鸥。每年，它们都会进行环球飞行——从北极的繁殖之地迁徙到南极洲去过冬，然后再返回，每次旅程长达约 3.2 万千米。北极燕鸥的寿命长达 20 多岁，因此，它们一生中迁徙的路程几乎长达百万千米。

你知道吗？

大海雀

大海雀是角嘴海雀的近亲，它们不会飞翔。它们的羽毛曾经被人用来编织地毯。它们在 18 世纪和 19 世纪初期时曾被人们大量屠杀，并在 1844 年濒临灭绝。但即使死了，它们仍然被利用着。在北大西洋的芬克岛上，角嘴海雀在大海雀腐烂的肉体上筑巢。

▲ 三趾鸥通常在海边狭窄的悬崖边缘上筑巢，它们筑巢的技巧非常娴熟。

的内陆森林的洞穴中或者树枝上繁殖。然而，尽管这些鸟儿都是成千上万地聚集在一起飞行，可只有很少的鸟巢被人发现过。

大量的海鸥

银鸥的叫声从海港的上方传来，这是最为人熟知的一种海鸟声。全世界大约有 50 种海鸥，从大型的、令人惊恐的猛禽——黑背海鸥，到生活在北极苔原地带的、精致而稀有的楔尾鸥。有一些海鸥，如三趾鸥，是真正的海鸟。但其他一些种类，如黑头海鸥，在内陆地区筑巢，并在渔船出海时跟在后面吃蚯蚓。

最近几十年，这些适应性极强的鸟儿开始

▲ 冠小海雀是角嘴海雀的近亲，在太平洋北部地区的岩石岛屿上繁殖。和其他的海雀一样，在繁殖季节里，它们的头顶上会长出漂亮的羽毛。

▲ 大海燕生活在南部海洋上，以腐肉为食。这些像鹅一样大小的鸟儿用巨大的钩状鸟喙来撕裂猎物的肉。

▲ 一只马恩岛海鸥从洞穴里现身了。当它们在大西洋群岛的东北地区生育之后，这些鸟儿会迁徙好几千千米，前往巴西的海岸过冬。

你知道吗？

海鸥

海鸥大多数时候都是安静地在海洋上度过的。当它们到了繁殖季节，就会前往海岸，来到遥远的岛屿上。在漆黑的夜里，当成年鸟儿从海面上觅食归来后，巢中的小鸟会发出大大的叫声和震耳欲聋的敲击声。

在城市的垃圾堆中寻找食物。它们甚至在大陆地区的房顶上筑巢，使得一些居民异常烦恼。与之相反的是，象牙鸥生活在遥远的北极冰冻地区，它们跟随着北极熊，吃它们剩下的猎物。同样，楔尾鸥在远离城镇的高纬度的苔原地带繁殖。直到这个世纪之初，都没人知道它们究竟在哪儿筑巢。最后，人们发现它们在西伯利亚北部的沼泽河谷中繁殖。从那以后，人们常发现它们一小群一小群地聚集在北极圈附近。燕鸥的外形就像流线型的海鸥，在所有海鸟中，它们是体态最优雅的一种。小小的白燕鸥（真正的燕鸥）生活在太平洋的热带岛屿周围。它们会俯冲进海水中，在海水表面捕捉小鱼和鱿鱼。

在所有鸟类中，北极燕鸥的迁徙记录可能是最长的。它们在北极生育，在大西洋里过冬。它们每年飞行的距离长达约 3.2 万千米。剪嘴鸥是燕鸥的近亲，它们用一种独特的方式猎捕鱼儿和其他海洋生物。剪嘴鸥的下喙比上喙稍长一些，当它们在水面上低低地飞行时，就用下喙劈开水流。当它们发现鱼后，就会迅速闭上鸟喙，将猎物抓获。

◀ 这只白燕鸥在夜幕中觅食。当这种鸟儿在星光闪闪的夜空中飞翔、盘旋时，白色羽毛使它们的翅膀看起来近乎透明，从而很难被捕食者发现。

塘鹅、鹈鹕和鸬鹚

鹈鹕科鸟类长着大大的喙、巨大的喉袋和短短的腿，样子看上去很笨拙。但是你不要被它们的外表所欺骗，它们实际上是技术高超的飞行者和捕鱼者。它们的亲戚塘鹅、鸬鹚和军舰鸟也都是捕鱼的专家。

有一些最引人注目的海鸟属于鹈形目，其中包括塘鹅（憨鲣鸟）、鹈鹕、军舰鸟、鲣鸟和鸬鹚等。它们都有各自独特的捕鱼方法。

▼ 在爱尔兰海岸的一处繁殖地，一些塘鹅像风筝一样飞翔在空中，另一些则与还没长大的幼鸟一起趴在地上。这种鸟会以密集的群体建巢，鸟巢之间保持着恰到好处的距离，每一个巢都刚好位于邻居伸长了脖子也啄不到的地方。

俯冲潜水者

　　有几种海鸟非常精通从空中俯冲捕鱼的技术。褐鹈鹕就是其中技艺最为精湛的一种。有时候，人们可以看见成群的褐鹈鹕一起向下俯冲，猎食海面上大群的鱼儿。

巡逻
褐鹈鹕在海面上
10米高处徘徊，
巡视猎物。

视野中的猎物
当褐鹈鹕发现一条鱼后，它会用眼睛牢牢地盯住它，同时调整身体和翅膀的角度，做出俯冲的姿势。

快速降落
在迅速朝下俯冲时，它
会将头向肩部回缩。

收拢翅膀
当喙尖触到水面时，
它会将头迅速朝前伸，
翅膀朝后收，准备潜
入水中。

入水以后
在水下，它用张开的喙将鱼
儿捞起来，并鼓起喉袋。

◀ 一只雌性小军舰鸟从头顶飞过，雄性开始展示自己。雄鸟会鼓起它那红色的喉袋，并闪现出翅膀内侧闪亮的羽毛。

　　塘鹅能够从海面上 30 米高的地方进行惊险的俯冲潜水，抓捕海水中的鱼。有一些鹈鹕也会像这样进行俯冲潜水，但是大多数鹈鹕都是从水面上抓捕猎物的。小一些的鲣也是从空中俯冲捕鱼的专家，但是它们不能潜入水中很深，只能在水面附近捕鱼，或者抓捕跳出水面的飞鱼。军舰鸟是优秀的飞行者，有着长长的翅膀和尾巴。它们可以从海面上用喙捞起猎物——鱿鱼和飞鱼，也会冲向其他的鸟，并且不停地追逐，直到这些鸟丢弃自己的食物。军舰鸟还会在繁殖地寻找幼鸟和鸟蛋。

　　鸬鹚会在水下追逐猎物，它们能从水面俯冲到水下 10 米深处。有些生活在南方的种类，会以几千只的大型群体聚集在鱼儿丰富的地方。当不同种类的鸬鹚在一起捕鱼时，它们会在不同的深度猎捕不同的鱼。

鹈鹕

　　鹈鹕是一种社会性的鸟，它们大多数时间都成群生活在一起。在陆地上，由于巨大的喙，它们看上去有点头重脚轻。然而，它们的喙却是高效的"渔网"，可以从水面下将鱼捞出来。有一些种类，比如白鹈鹕，会聚集在一起捕鱼。它们会环绕着鱼群围成一个圆圈，并张开大大的翅膀，不断地用喙啄水，将鱼驱赶到一个小的区域内。当鱼群完

大开眼界

渔民的朋友

　　在中国，鸬鹚被训练去为它们的主人捕鱼。在工作的时候，鸬鹚被拴在长长的绳子上，它们的脖子上套了一个圆环，防止它们把鱼吞下去。捕鱼大多是在晚上或者傍晚的河流和江口处进行的，渔民在他们的渔船上方点上一盏灯，以此吸引鱼儿。这种传统的捕鱼方式已经延续 1000 多年了。

▲ 一只斑嘴鹈鹕幼鸟把喙伸进了成鸟的嘴里，从成鸟的喉袋中取食小鱼。

全被包围以后，鹈鹕就会在它们逃跑之前将其从水中捞出来。

　　鹈鹕的喉袋能够容纳大约 10 升水。澳洲鹈鹕会不断地将喙朝胸部伸展，从而将嘴里各个角落的水挤压出去，只把鱼留在里面。一只成年鹈鹕每天能吃下大约 1.2 千克的鱼。

　　美洲的褐鹈鹕可以从水面上 10 米高处俯冲下来捕鱼。尽管不像塘鹅和其他鲣鸟那么优雅，但是这种鹈鹕的捕鱼技术非常精准。直到最后一秒，它才会收起翅膀，向前伸出头和喙，把猎物捕入自己的喉袋之中。回到水面以后，它就把喙向上竖起，让多余的水流出去。一大群褐鹈鹕集体俯冲捕鱼的景象，简直就是一个奇观。

　　鹈鹕会成群繁殖，有时候繁殖地点会选在离水域几千米以外的地方。它们一次会产下 1～4 枚蛋，通常都产在地面上的巢里。成年鹈鹕会带回一些部分消化了的食物，

▲ 新西兰的点斑鸬鹚会到海里觅食——有时候它们会声势浩大地集体出动。这对点斑鸬鹚将巢建在了岩石上，岩石上不久就布满了白色的粪便。和其他的鸬鹚一样，它们会进行优美的求爱表演，以展示它们那耀眼的羽毛。

它们把这些食物保存在自己的喉袋里，带回巢去喂养幼鸟。当幼鸟几周大的时候，它们会出于安全目的大群大群地聚集在一起，但是成年鸟儿一般都能辨认出自己的子女。它们依靠视觉认出子女，并且通常会把子女从一群小鸟中拉出来，再单独喂食。

军舰鸟和蛇鹈

军舰鸟也有很大的喉袋，但是它们将喉袋用于展示而不是储存食物。雄性军舰鸟有一个猩红色的喉袋，在繁殖季节里，它们会在树冠上的繁殖区中，将喉袋膨胀得很大。几只雄鸟会同时在路过的雌鸟面前

你知道吗？

有用的粪便

海鸟的栖息地不仅嘈杂，还臭得惊人。在任何一个大群海鸟筑巢的岛屿上，岩石和礁石上都覆盖着白色的鸟粪。这些鸟粪会堆积起来，最终成为重要的肥料来源。有些国家和地区能够充分利用这种粪肥。在秘鲁，海鸟居住地的堆积粪便每年多达30万吨。这些难闻却很有价值的粪便，主要是鹈鹕和塘鹅等鲣鸟的产物。

齐心协力

有几种鹈鹕以团队的形式在一起捕鱼。图中这些白鹈鹕会用它们大大的喙，将鱼儿驱赶到一起，同时慢慢地包围它们。然后，它们就一起把这些陷入困境的鱼儿从水中捞出来。

▲ 一只蛇鹈正在炫耀它刺到的鱼。这种和鸬鹚很像的鸟在淡水湖泊和河流中捕食。

▲ 一只红嘴鹲正拖曳着尾羽飞翔。这种鸟生活在处于热带的太平洋东部、印度洋和大西洋地区。

进行表演，每只雄鸟都会展示自己的喉袋，并张开翅膀展露出内侧银白色的羽毛，还会展示自己的啼声。

　　蛇鹈很像鸬鹚，但是它们有着长长的像蛇一样的脖子，以及像匕首一样的喙。受到惊吓以后，它们会只把弯曲的脖子和头露在水面上迅速游开——这就是它们的名字"蛇鹈"的来历。它们是高明的水下猎人，会一直追逐猎物，距离足够近时，就将弯着的脖子猛伸出去，用喙刺向猎物。和鸬鹚一样，它们经常需要伸展翅膀，将身上的水分晾干。

　　人们可以通过鲜艳的尾羽来辨识鹲——它们的尾羽又细又长。它们和褐鲣鸟一样向下俯冲捕食鱿鱼和小鱼，皮肤内层的气囊能够吸收它们从高空落下所受到的震荡。它们那小小的脚蜷缩在腹部，这意味着上岸繁殖时，它们只能笨拙地拖着脚行走。

塘鹅和其他鲣鸟

　　鸟类世界中最壮观的一幕景象就是繁殖旺季中大群大群的塘鹅。天空中到处都是这种像鹅一般大小的鸟在飞来飞去。由于栖满了大量的塘鹅和毛茸茸的幼鸟，它们筑巢的小岛都变成了白色。它们的巢上还落满了粪便，气味非常难闻。世界上塘鹅的繁殖区现在已经不足40处了，但好在其中一些繁殖区内有着上万对塘鹅。离英国的大不列颠岛不远的一些岛屿，比如巴斯岩岛（Bass Rock）和戈拉斯荷岛（Grassholm），都是观赏塘鹅的绝佳地点。

▲ 跳着"踢踏舞"的蓝脚鲣鸟在一系列求爱展示中，不断向伴侣展示它那色彩异常鲜艳的脚。还有一种鲣鸟有着亮红色的脚。

▲ 一只塘鹅正在表演"指向天空"的动作，它以此提醒伴侣自己即将起飞。优秀的飞行能力预示着每次外出它都可以迅速飞回来，这样它们的蛋就不会长时间无人看管。

　　在这个嘈杂混沌的世界里，塘鹅夫妇能够通过优美的展示来认出彼此，展示中包含"指向天空""喙部篱墙"等动作。这些表演使双方确信它们的巢不会失去守卫，并且能够增进配偶之间的感情。塘鹅通常一生只有一个伴侣。抚养后代需要大量的精力和技巧，因此，塘鹅一般要长到好几岁之后才开始繁殖。

　　鲣鸟共有 9 个种类，塘鹅（憨鲣鸟）只是其中一种。在所有种类中，最奇怪的是粉嘴鲣鸟，这种鸟只生活在印度洋中的圣诞岛上。它们在雨林中筑巢，并且需要花费很长时间来养育幼鸟，所以它们每两年才会生育一次。生活在南美洲太平洋沿岸的蓝脚鲣鸟会将自己亮蓝色的脚用于求爱展示——当雄鸟在配偶面前降落到地面时，它会展露出自己的脚。

苍鹭和鹳

苍鹭一动不动地站在水边——这个安静而孤独的猎人正在等待鱼儿游过时激起的水波。但在生殖季节里，鹭和鹳会变得喧闹而活跃，会表演出各种非凡的求爱舞蹈。

鹭和鹳都有着长长的脖颈和长长的腿。虽然它们有很多相同的特征，但实际上它们分别属于两个独立的科——鹭科和鹳科。在鹳科中还有火烈鸟，在鹭科中有琵鹭和朱鹭。

这个群体中的大多数鸟都很高，它们生活在河流、湖泊和沼泽周围，以各种各样的淡水生物为食。许多种类都练就了猎捕特定猎物的特殊本领，从而导致这些鸟的喙形多种多样。琵鹭

◀ 小鹭躲在波兰沼泽浓密的芦苇丛中，很难被发现。当这种鸟喙尖朝天静立着的时候，它们身上斑驳的褐色增强了伪装效果。

的喙是大大的、勺子形状的，它们用这样的喙来过滤小虾和其他甲壳类动物。船嘴鹭则长着奇怪的扁平的喙，用来将猎物从水中舀出来。

鹭的脖子非常灵活，可以根据这一点把它们与其他的长腿鸟区分开来。鹭是唯一一种能够在飞行的时候将脖颈朝后弯曲到背上的鸟。在鹭科的鸟类中，人们最熟悉的是苍鹭，它们经常像雕像一样站在河边或者湖边，等待合适的时机对猎物发起进攻。它会用有力的喙以闪电般的速度出其不意地刺向猎物，将其捕获，不管是鱼还是蛙。

也有很多其他种类的鹭，从小小的岩鹭和夜鹭到较大的美洲蓝鹭和非洲巨鹭。善于伪装的小鹭很少被人们看到，但是我们经常可以听到它从生长着茂密芦苇的栖息地发出奇怪的叫声。

白鹭体形很小，是纯白色的。它们常在湖泊和河口的边上觅食。在繁殖季节里它们会大群大群地聚集在一起，而且经常会与其他种类的鹭聚集在一起，比如牛背鹭、黄池鹭和夜鹭。牛背鹭会徘徊在家畜或者野生食草动物周围，等待扑向被动物惊扰出来的昆虫或者其他小型生物。白鹭会在芦苇丛中或者树上建一个凌乱的巢。有时候它们的巢靠得很近，一棵树上就有 10 个巢。每年的同一时间，成年白鹭的胸部和背部会长出长长的矛状羽毛，头顶会长出两支长长的冠羽。它们会在各种各样的问候和配对表演中展示这些羽毛。除了展示羽毛，它们的求爱有时还包括击喙和摇晃树枝。

▼ 一对白鹳站在它们宽敞的巢上，陶醉地进行着求爱表演。这种特殊的求爱仪式被称为击喙表演——在这个过程中，它们的喙会不断地快速开合。

▲ 这只苍鹭不断拍动着有力的翅膀，在飞行中采取了鹭科鸟类最标准的姿势——缩着脖子，长长的双腿向后伸直。缩着的脖子使飞翔的苍鹭区别于火烈鸟和鹳，后两种鸟在飞行的时候脖子是伸出来的。

▲ 大白鹭在求爱表演中摆出了一个奇怪的姿势，充分展示出自己象征繁殖的美丽羽毛。精美的白鹭羽毛在 19 世纪常被英国人缝在帽子上作为装饰。

鹳的家族

　　每年春天白鹳都会返回欧洲，回到它们建在房顶上的巢中。这种相貌端庄的鸟通常在清晨和傍晚的沼泽草地边觅食。它们搜寻各种各样的猎物，从昆虫到小型爬行动物和哺乳动物。尽管在很多国家的传统文化中，它们都被认为预兆着好运，但由于人类发展农业，湿地面积不断缩小，这意味着在最近几十年里鹳的数量将急剧下降。

　　鹳巢通常建在农村建筑的屋顶上，甚至小镇中心的教堂上，这些巢十分巨大，重量超过 40 千克。鹳夫妇每年都会给巢增添更多的材料，用树枝、芦苇以及其他的零碎之物，建造出一个大大的平台。它们会在巢上进行特别的求爱和问候表演。成年鹳会先用两个月的时间在它们的"高楼"中抚养小鹳（一般有 4 只），然后再带着它们去地面觅食。它们要到非洲和南亚过冬，有时候会成群迁徙。

　　黑鹳能在浅水中行走，留神观察水中的鱼并迅速捕捉。美洲的林鹳也会涉水，但它们是通过感觉水波来找到猎物的。

不同的用餐者

　　作为一个群体，鹭、鹤以及它们的亲戚都有着相似的外形。但是它们的喙却各不相同，每种喙都有着不同的取食技巧。

伞鸟

黑鹭在捕鱼时像伞一样撑开的翅膀赋予了它另外一个名字——伞鸟。它的"翅膀伞"能在水面上投下一片阴影，从而减弱水面上刺眼的阳光，使它更容易看到鱼类。而且小鱼也会被它们翅膀下的阴凉所吸引。

滤食者

火烈鸟巨大而弯曲的喙是最与众不同的。在摄食的时候，这种鸟需要采取喙部朝下的姿势。它要将长长的脖子向下伸入水中，然后用喙在水中滤食细小的植物和动物，滤食时，它会用舌头将水抽取到嘴里，并使之通过一个过滤盘。

完美的姿态

秘密行动和耐心是苍鹭猎食的主要特征。这种鸟通常会走到浅水中，然后就像雕像一样一动不动地等待着，直到鱼儿游进它们的猎食范围。然后它会立刻用自己匕首一样的喙发动攻击，迅速而敏捷地捉住猎物。

吃蜗牛的鹳

钳嘴鹳的喙永远都是微微张开的，喙的上下两片从不会紧紧闭合。它们的喙就像是一把钳子，使它们擅长摄食蜗牛，同时也是把软体动物从壳中剔出来的理想工具。

你知道吗？

锤头鹳的家

锤头鹳是一种小型的、像鹭一样的鸟，生活在非洲。它因为脑袋、喙、冠羽和脖子组成了一个奇特的锤形而得名。它会用树枝和芦苇筑成巨大的带圆顶的巢，巢宽可达 2 米。图中的这个巢筑在东非的一个池塘上方的树枝上。锤头鹳夫妇筑巢后还会对它进行装修和维护——圆顶里面是一个用草铺筑的房间——那是它们的卧室。

滤勺

大自然赐予了琵鹭一件私用餐具——长在喙的末端的勺子。在水中，它会稍微把喙张开一些，遇到虾、小鱼或者其他食物时，再迅速地将喙合上。和朱鹭一样，琵鹭也是通过触觉来寻找猎物。

食腐者

在开阔的非洲草原上或者垃圾堆附近，人们更容易看到非洲秃鹳的身影，而不是在水中。它们是食腐者，而不是捕鱼者，它们用自己厚重的喙来对付坚韧的动物尸体。

硕大的喙

鲸头鹳又叫靴嘴鹳，因为它的喙看起来就像一只大靴子。它们巨大的喙是摄食光滑的肺鱼的理想工具。它们的喙很重，所以当鲸头鹳不进食的时候，就把喙靠在自己的脖子上休息。

▲ 在繁殖的季节里，火烈鸟大片的巢群形成了一幅令人惊异的景观。在图中这群火烈鸟的前面，我们可以看见它们隆起的泥巢。

▲ 五只火烈鸟在浅水中挺直了脖颈进行表演。这种特殊的仪式被称为头部展示。每只鸟都使脖子向上伸直，喙保持水平，和伙伴们一同左右摆头。

生活在非洲平原上的非洲秃鹳看上去很奇怪——如果不算彻头彻尾的丑陋的话。它的头顶和颈部有大片光秃秃的皮肤，使它看起来总是脏兮兮的。在它的颈部，还垂下来一个奇特的没有毛的"皮袋"。秃鹳能够为这只"皮袋"充气，并很可能用在求爱表演中。秃鹳是一种食腐动物，经常在垃圾堆附近徘徊，也定期光顾被狮子杀死的动物的尸体。有时候，它们也会偷食火烈鸟的蛋或幼雏。

火烈鸟

火烈鸟又叫红鹳，是一种非常优雅的鸟。它们会将巢密集地建造在一起。有些巢分布在世界上最遥远的地方。全世界共有5种火烈鸟，都十分优雅，长着白色或者粉红色的羽毛。它们有着独特的弯曲的喙，里面有像筛网一样的结构，使得它们能够从湖畔或者

▲ 鞍嘴鹳是身上标记最漂亮的鹳之一。这种鸟的名字源于它们那上翻的喙上的那块马鞍状的、厚厚的黄色皮肤。

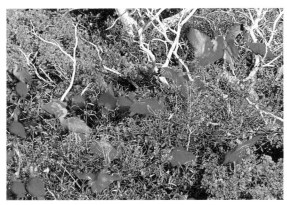

▲ 这群栖息在一起的猩红朱鹭看上去就像奇异而鲜艳的水果，或者圣诞树上的点缀。这种社会化的鸟经常和白鹮、白鹭一起结群。

浅水中过滤出细小的动植物。火烈鸟那招牌式的亮红色羽毛源自它们吃的小虾和海藻中所含的一种红色素——类胡萝卜素。如果火烈鸟不吃这些食物，它们就会失去这种色彩，并且无法进入繁殖状态。被人类捕获并饲养的火烈鸟要想继续保持身上的色彩，就必须被喂以人造的类胡萝卜素来代替它们的自然色素。

火烈鸟可能是所有鸟类中最为社会化的。例如非洲小红鹳的巢非常密集，有一些地方可能聚集着上百万只鸟。它们聚集到人烟稀少的高盐度的咸湖里进行繁殖。小红鹳有一种非常特殊的进食需求——它们会滤食浅湖中繁茂的微型藻类。而大红鹳和美洲红鹳则以蝇虫、虾和湖床中的软体动物为生。

火烈鸟会修筑泥巢，并使它离开地面一定高度，以便在灼热的气候中使它们的蛋和幼雏远离地面的炙烤。几天后，浑身长满绒毛的小火烈鸟就会进入"托儿所"，加入其他幼年伙伴当中。"托儿所"通常设在稍深一些的水中，在那里小鸟们更难被捕食者发现和攻击。火烈鸟父母可以通过叫声找到自己的子女（一般不超过两只）。雌雄成鸟都能用嗉囊制造出一种乳汁来喂养小鸟。

水鸟

无论是公园的池塘里，还是安第斯山脉的激流中，只要在有鱼虾的水域里，人们就能看到水鸟美丽的身影。

雁形目鸟类都属于水鸟。潜鸟与雁形目鸟类虽然没有直接关系，但是生活习性比较相似，所以也属于水鸟。水鸟种类繁多，分布于世界各地。它们栖息于水面或者水边，足部都长有蹼，大多数水鸟的颈部都比较长。比较常见的水鸟有天鹅、雁和鸭。叫鸭是一种非常奇特的水鸟，它们分布于南美洲，看上去很像吐绶鸡和雁的杂交品种。它们还擅长飞行，能发出雁一样的叫声。

有些水鸟尽管外形比较相似，但是取食区域各不相同。有的水鸟在水里觅食；有的水鸟在水边觅食；有的水鸟（比如雁）喜欢在沼泽地或者开阔地上觅食青草，返回水边只是为了栖息和整理羽毛。

▲ 绿头鸭是一种众所周知的水鸟。它们分布非常广泛，适应性极强，能够在恶劣的环境中生存。绿头鸭的喙很宽，边缘呈锯齿状，是它们在水中觅食和过滤食物的理想工具。

你知道吗？

家鸭

家鸭起源于野鸭。它们最初是在中东地区被驯养的，已经有上千年的历史。如今，在全世界已经培育出许多家鸭品种。爱斯勃雷鸭、北京鸭和鲁昂鸭属于肉用型家鸭。卡基－康贝尔鸭和印度跑鸭属于蛋用型家鸭，这些"产蛋高手"每年能产下300多枚蛋。俄国鸭起源于南美洲的野鸭，它们的明显标志是雄鸟的喙上长有肉瘤。

大开眼界

灰船鸭

　　灰船鸭栖息于南美洲南部和马尔维纳斯群岛上。它们的体形比较大，雄鸟重达 6 千克。它们在海边筑巢，以甲壳类动物为食。它们在水中游动时，头部略向下倾，并以翅膀和长有蹼的足（长达 15 厘米）为桨。它们在水中搅起阵阵水花，看上去就像是一艘 19 世纪时期的明轮船（一种在船的两侧装着明轮的蒸汽轮船）。灰船鸭具有攻击性，当它们为了捍卫领地而彼此争斗时，通常会利用翅膀上的骨刺作为武器。

▲ 一群黑雁正在海边沼泽地中进食。鳗草生长于海滨浅水中，是黑雁迁徙途中的主要食物。

▲ 这对疣鼻天鹅在湖中展开了一场激战，它们打破了湖面的平静，搅起阵阵水花。处于繁殖期间的疣鼻天鹅会时刻捍卫自己的领地。疣鼻天鹅是一种大型水鸟，身长 125～150 厘米，由于平时很少鸣叫，且叫声沙哑，所以又被称为"哑天鹅"。

▲ 黑天鹅体态高雅，游弋姿势非常优美。它们主要分布在澳大利亚，通常成群地聚集在一起，有时多达 5 万只。

▲ 叫鸭分布于南美洲，是雁的近亲。它们的喙呈钩状，与鸡喙相似。它们的足趾很长，趾间长有微蹼（肉眼几乎看不到）。

戏水鸟和潜水鸟

水鸟通常被分为戏水鸟和潜水鸟两类。戏水鸟主要栖息于水面，以小型植物或者无脊椎动物和小鱼为食。它们的喙呈扁平状，边缘还长有锐利的齿，用来过滤食物颗粒。它们在觅食时通常采取倒立的姿势——把长长的颈部伸进水里，尾部则翘在空中。潜水鸟是非常有名的潜水高手。有些水鸟（如凤头潜鸭）能潜到河底或者湖底，在那里觅食小型动物或者植物。

每年一次的迁徙

在一些国家，疣鼻天鹅通常成对地栖息在城镇公园或者城郊湖泊里，它们可能一生都会待在那里，当自然界的食物稀少的时候，就靠人类喂给它们的食物碎屑为生。然而，对许多天鹅和雁来说，它们的生活方式是不同的。大天鹅和小天鹅都在遥远的北极苔原地带繁殖后代。平时，它们成对活动。当冬天来临的时候，它们便以家族群的形式飞往温暖的南方（如西欧），在那里越冬。年复一年，它们几乎都飞往同一片越冬地。

一些水鸟迁徙的场面非常壮观，比如栖息于北美洲的雪雁。每年，有上万只美丽的雪雁离开加拿大的苔原地带，向南飞越加拿大、美国，来到墨西哥湾一带的海岸沼泽地越冬。

白颊黑雁的羽毛非常漂亮，由灰、黑、白三种颜色组成。每年，它们都从北极海岛上的繁

雪雁的迁徙

雪雁总是结集成群进行迁徙。在漫长的迁徙途中，它们通常会在一些沼泽地上做短暂停留。在停歇地，它们需要大量地进食，以补充能量，从而尽量减少迁徙途中的停歇次数。

苔原地带

在加拿大西北部的苔原地带，栖息着上千只雪雁。雏雁常常跟随自己的母亲到草丛里觅食，它们要趁短暂的夏天充分补充能量。

家族群

当冬天来临的时候，雪雁就会以家族群的形式向南迁徙。在迁徙途中，不同家族群的雪雁会相继聚集在一起，数量多达数千只，场面非常壮观。有时，其他种类的鸭、天鹅和雁也会加入其中。雪雁总是按一条固定的路线进行迁徙。雁群在飞行的时候通常排成 V 字形或者波浪形。

越冬地

雪雁通常向南飞行 3500 千米，或者更远的距离，才能到达越冬地。有些雪雁可以一口气飞完全程，而大多数雪雁都需要在中途做短暂休息。它们在停歇地大量地进食，以补充能量。雪雁最终会停留在墨西哥湾一带，在那里越冬。它们能在越冬地找到充足的食物，以便在春天返回繁殖地前储存大量的脂肪。它们用短且有力的喙挖掘植物的地下茎或根。它们也吃植物的嫩芽或者树叶。

殖地向南迁徙。在过去的几个世纪里，人们还不清楚这些鸟儿都来自哪里。一些人认为它们是北极雁，因为它们的羽毛颜色、羽翅和颈部都与北极雁非常相似。最为奇怪的是，当它们返回繁殖地时，那里依然冰雪覆盖。它们成群地在悬崖边上筑巢。悬崖边上的雪通常融化得最早，捕食者（如北极狐）很少来到这里。北极的夏天很短暂，有时候它们甚至没有足够的时间抚育幼雏。与其他雁一样，每年冬天，它们都会飞往同一片越冬地。例如栖息在格陵兰岛上的白颊黑雁，每年都会沿着不列颠群岛的西海岸线，向南飞行 3000 多千米，前往越冬地。

大开眼界

激流中的水鸟

大多数水鸟都会被湍急的水流冲走，而栖息于安第斯山脉中的这种水鸟（下图）已经完全适应了激流中的生活。它们的尾部羽毛非常硬，这能帮助它们在光滑的石头上保持平衡，还能在激流之中为它们掌舵。它们能潜入水中觅食昆虫的幼虫，有时也会觅食那些漂在水面上的生物。

▲ 雄性王绒鸭拥有一身漂亮的羽毛和一个鼓鼓的前额。它们的腹部羽毛浓密柔软，是制作鸭绒被、鸭绒枕和鸭绒服的上等材料。

斑头雁的迁徙更是与众不同。斑头雁是一种非常漂亮的水鸟，头上长有黑白相间的羽毛。它们在中国西藏高原上的湖泊边筑巢。每年，它们都以家族群的形式聚集起来，一同飞越喜马拉雅山脉，前往印度的恒河流域和印度河流域，在那里越冬。斑头雁的飞行高度可达9000多米，而在这个高度上，人类通常只能借助氧气瓶呼吸。

红胸黑雁每年都要从西伯利亚苔原地带迁徙到黑海、咸海和里海附近越冬。它们通常成对活动，并在游隼的巢穴附近筑巢。它们能从邻居那儿获得保护，因为游隼会攻击任何靠近自己巢穴的捕食者。

羽毛的颜色

对鸭类水鸟来说，雄鸟的羽毛颜色与雌鸟的羽毛颜色有很大差别。雄鸟的羽毛比较鲜艳，在冬季和早春时节尤为艳丽。雌鸟的羽毛颜色比较暗淡，呈土褐色或灰色，这使得雌鸟在孵蛋期间不易被外敌发现。所有的鸭类水鸟和雁类水鸟都会一次性蜕掉飞羽，而不像其他鸟类那样逐步蜕掉飞羽。这意味着，这些鸟儿在一年当中的部分时间里（通常是夏天）将暂时失去飞翔能力。有意思的是，在这段时间里，雄鸟的羽毛也会失去艳丽的色彩，看上去跟雌鸟的羽毛一样暗淡。处于换羽期的雄鸟变得非常羞怯，总是"藏"起来，直到飞羽重新长出来为止。

▲ 这是一对刚孵出来一天的鸳鸯雏鸟。它们鼓足勇气，准备从树洞里跳到地面上。还有一些种类的水鸟，它们不得不从更高的地方跳下来。

▲ 很少有水鸟能像雄性鸳鸯这样漂亮。当雄性鸳鸯处于求爱期时，它们的羽毛会变得更加艳丽。雌性鸳鸯的羽毛比较暗淡，通常为土褐色。

雄鸟的羽毛有各种各样的颜色，比如闪烁着金属光泽的蓝色和绿色，以及暗红色和橙色等。雄鸟会表演优美的求爱舞蹈，并竭力向雌鸟炫耀自己华丽的羽毛。它们会摇头、晃尾，以及轻轻地把身上的水花抖到空中。通常，雄鸟集体进行表演，雌鸟则站在旁边观看。一旦某只雄鸟和某只雌鸟彼此相中，它们会继续进行一系列的求爱仪式，如并排游水、摆出各种不同的姿势，最后才在水中交配。如果整个冬天你都在观察绿头鸭，通常就会看到这种精彩的表演。

一些栖息于海边的鸭科水鸟也会表演精彩的求爱舞蹈，如绒鸭。雄性绒鸭将头尽力朝后甩，以展示漂亮的黑色羽毛和白色羽毛。它们还鼓起胸，发出"咕咕"的叫声。在雌鸟产下蛋之前，雄鸟会一直与其保持亲密的关系。当雌鸟产下蛋以后，雄鸟就会离开，孵蛋和抚育雏鸟的重任则由雌鸟独自承担。雌鸟也会筑巢，它们通常把巢筑在海岸附近的茂密草丛中。

栖息在树上的水鸟

令人感到惊奇的是，一些鸭科水鸟竟然把巢筑在树洞中，有的还很乐意寄住在其他鸟类的巢里。林鸳鸯（分布于北美洲）、鸳鸯和鹊鸭都在树洞中筑巢。通常，这种水鸟的幼雏刚孵出来就会觅食。当雏鸟可以离开树巢的时候，雌鸟就会把子女引到安全的水域。身上还裹着绒毛的雏鸟要独自从树上跳到地面，由于它们的体重还很轻，所以很少受伤。

▲ 图中这只林鸳鸯从树洞里探出头，并不时地向下观望。鸳鸯、秋沙鸭和鹊鸭通常都在树洞中营巢。

▲ 鹏鹛通常把巢筑在水草丛里。鹏鹛在水中非常灵活，但是特殊的身体构造使得它们在陆地上几乎寸步难移。

奇特的足

　　凤头鸊鷉是有名的水下"猎人"，它们
的双足就像船桨一样推动着身体快速前进。
它们的每一个足趾都长有独立的蹼膜，足趾
张开后犹如花瓣。潜水时，它们的翅膀紧紧
地贴在身体两侧。凤头鸊鷉的双腿长在身体
后部，这使得它们很难在陆地上行走。可
是，它们一旦潜入水中就会变得非常灵活。

水鸟的进食区域

　　鸭、雁、天鹅的体形和喙都与它们
各自的进食方式相匹配。

匙形喙
琵嘴鸭的喙很宽，末端
呈匙形。它们通常在浅
水处用匙形的喙捞取小
型动物，或者挖掘淤泥
中的植物。

尾部向上
绿头鸭主要以草类植物
为食，偶尔也会食用昆
虫、软体动物和蠕虫。
它们通常采取倒立的姿
势觅食浅水处的水草。

伸展运动
疣鼻天鹅是一种大型水鸟。
它们的觅食姿势与绿头鸭
基本相似，不同的是它们
拥有长长的颈部，可以够
到水域深处的植物。有时，
它们也吃小型青蛙、鱼和
昆虫。

捕鱼高手
秋沙鸭同样善于
潜水。它们的喙
比较尖锐，边缘
有锯齿，是捕食
小鱼的有利武器。

会割草的雁
这只灰雁正在水边的草
地上觅食。雁类水鸟通
常以农作物、草和植物
的根为食。

潜入水中
绒鸭的体形没有绿头鸭大，但是
它们能潜入水域深处，在那里觅
食植物、小型动物、蛙卵和小鱼。

特殊的适应性

秋沙鸭的喙比较尖锐，顶端向下弯曲，呈钩状，边缘有锯齿，因此又被称为锯嘴鸭。这些锯齿能帮助秋沙鸭在水中顺利地捉到滑溜溜的鱼。通常，秋沙鸭能潜入 3～6 米深的水中，潜水时间可达 1 分钟。据记载，曾经有一只秋沙鸭潜到水下 35 米处。

尽管潜鸟与秋沙鸭没有直接关系，但是它们同样拥有高超的潜水技能。秋沙鸭和潜鸟已经完全适应了水中的生活。它们的双腿都长在身体后部，因此已经不适应在陆地上行走。它们通常把巢筑在水草丛里。它们能将体内和羽毛里的空气排出去，然后悄悄地潜入水下捕捉小鱼。它们的双腿非常有力，可以推动身体在水中快速前进。

▲ 红胸秋沙鸭善于潜水。当它们潜入水中觅食小鱼时，翅膀和蹼足能够推动它们的身体快速地向前游动。它们的喙又长又细，喙端呈钩状，边缘有锯齿。

▲ 红喉潜鸟通常又被称为"雨雁"。这是因为它们在求爱期间会发出哀号声，而在这种凄切的叫声过后，天空常常下起倾盆大雨。

▲ 刚孵出来的雏鸭会将第一眼看到的移动的东西当作自己的母亲，并紧紧跟随在母亲身后，生物学上把这种现象叫作"印随"。因此，经过人工孵化的雏鸭会把人视为自己的母亲。

滨鸟

滨鸟是鸟类世界中的"非洲角马"。在越冬地，成群的滨鸟聚集到泥滩上觅食。每年，它们都会从海岸迁徙到内陆繁殖。

每年大约有 700 万只滨鸟在北大西洋东海岸过冬。滨鸟遍布世界各地，并且能够进行长距离飞行——在海岸和内陆湖泊之间来回迁徙。

滨鸟（或称涉禽）是鸻形目中的一个大家族。在这个目中，还有许多海洋鸟类，如海鸥、燕鸥、海雀等。大多数滨鸟都喜欢在泥滩或沼泽湿地的软泥中觅食。它们的腿不但长，而且非常灵活。它们的喙也比较长，便于在软地中探寻食物。许多滨鸟都是飞行高手，它们的身体呈流线型，翅形较尖。它们通常在一些偏僻的地方筑巢，这样可以远离天敌，不受打扰。夏

▲ 在水边，有时会聚集着成千上万只滨鸟。一般来说，它们的体形较小，羽毛颜色也比较暗淡，所以很难识认。蛎鹬的羽毛黑白分明，喙部呈橘红色，因此，它们很容易被辨认出来。

季，一些滨鸟向北飞往北极苔原地带，在那里繁殖。在它们的雏鸟可以飞行的时候，它们再返回温暖的水岸边。

　　大部分滨鸟都在岸边进食，当然，也有少数滨鸟与众不同。例如，燕鸻会像燕子一样，在空中追逐昆虫。它们擅长飞行，动作敏捷。它们的喙比较短，在觅食的时候，能够张得很大。这些优雅的鸟儿通常聚集起来，在干草地的上空捕食蝗虫。籽鹬也是一种生活方式比较独特的滨鸟。它们生活在南美洲，外形如同鹌鹑，通常在干旱的草原上觅食种子和植物。蟹鸻的生活方式更为奇特。它们生活在南亚和非洲地区，在洞中筑巢。它们的喙比较大，可以撬开螃蟹的壳。

▲ 剑鸻在石滩处筑巢，这里有利于它们进行伪装。剑鸻群一旦受到惊扰，就会快速飞起，然后在水面上低低地盘旋。

▲ 当滨鹬的进食地被海水高潮淹没以后，它们便聚集到岸边。冬天，成千上万只的滨鹬栖息在河口和泥滩上，觅食数量充裕的无脊椎动物。

滨鸟的冬羽

滨鸟的冬羽比较黯淡。因此，当它们栖息在泥滩上时，很难被辨认出来。但是，当滨鸟起飞以后，我们完全可以对其进行辨认。

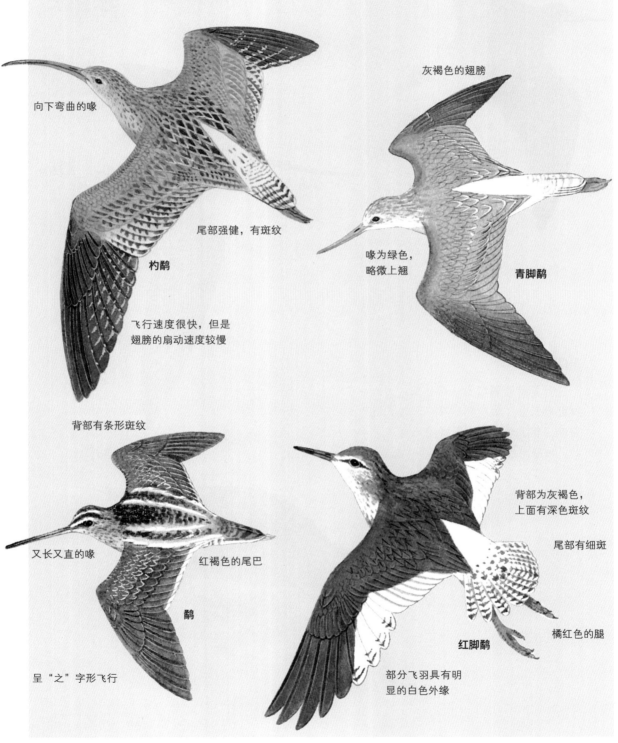

向下弯曲的喙

尾部强健，有斑纹

杓鹬

飞行速度很快，但是翅膀的扇动速度较慢

灰褐色的翅膀

喙为绿色，略微上翘

青脚鹬

背部有条形斑纹

又长又直的喙

红褐色的尾巴

鹬

呈"之"字形飞行

背部为灰褐色，上面有深色斑纹

尾部有细斑

橘红色的腿

红脚鹬

部分飞羽具有明显的白色外缘

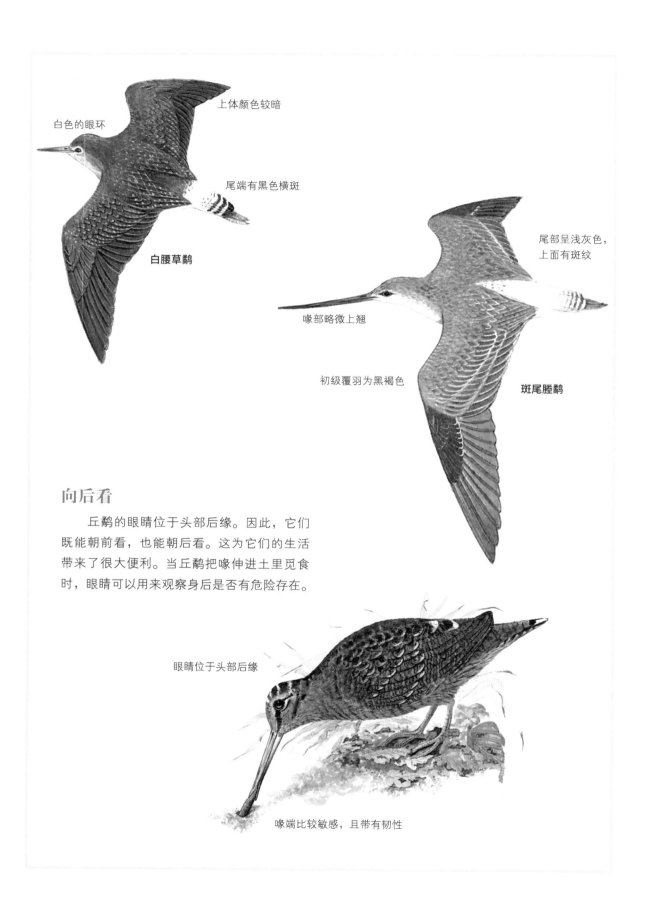

白色的眼环

上体颜色较暗

尾端有黑色横斑

白腰草鹬

尾部呈浅灰色，上面有斑纹

喙部略微上翘

初级覆羽为黑褐色

斑尾塍鹬

向后看

　　丘鹬的眼睛位于头部后缘。因此，它们既能朝前看，也能朝后看。这为它们的生活带来了很大便利。当丘鹬把喙伸进土里觅食时，眼睛可以用来观察身后是否有危险存在。

眼睛位于头部后缘

喙端比较敏感，且带有韧性

▲ 红胸反嘴鹬的喙细长，喙端上翘。除鱼之外，红胸反嘴鹬还喜欢觅食蠕虫、软体动物和其他小型动物。

▲ 这是一群正在迁徙途中的领燕鸻。这种滨鸟通常在飞行时进食——大张着嘴，捕捉经过身边的昆虫。

降落在河口处

要想观察滨鸟，最好是到河口处。海水低潮时，大片的沙地或泥地暴露出来。乍一看，这里非常荒凉，但实际上充满了生机。这是因为，许多动物都在海水低潮时藏了起来。在泥地里，生活着许多海洋蠕虫、甲壳类动物和田螺。当河水从上游流下来时，以及每天两次的涨潮，都会给滨鸟捎来丰富的食物。在平均每平方米的泥地里，生活着 10 万到 15 万只这样的动物，这为聚群而居的滨鸟提供了丰富的食物来源。

如果沿着岸边或者穿过泥地观察滨鸟，你会发现，滨鸟的种类不同，它们进食的具体位置也略有不同。一些大型滨鸟（如杓鹬和塍鹬）会走到浅水处，将长长的喙伸到水下觅食。在泥地，它们也能将长长的喙探入泥中，觅食蠕虫。反嘴鹬也是一种在浅水处觅食的长腿滨鸟。觅食时，它们那细长且上翘的喙在水中扫来扫去，以拣

▲ 二斑走鸻栖息在非洲干旱的开阔地上，从来不踏入水中半步。它们的脚较长，能够奔跑着追逐昆虫。

食水面上的小食物。黑翅长脚鹬的腿更长，因此，它们可以走到稍深一些的水中。在那里，它们用又细又尖的喙拣食小虫子和其他食物。

在所有滨鸟中，蛎鹬给人留下的印象最为深刻。它们的喙呈朱红色，且强劲有力。有些蛎鹬的喙（喙端呈凿状）能将海扇和蛤贝的壳撬开或敲碎，有些蛎鹬的喙（喙端呈尖状）能探入泥中搜寻柔软的食物。

沙锥和鹬的喙都比较长，便于觅食蠕虫和其他土壤生物，而大多数鸟类通常很难觅到这样的食物。它们的喙端非常敏感，且略带韧性。因此，它们可以将喙伸入到较深的土壤中，并探寻到食物。

▲ 水雉的足趾非常大，能够分散身体的重量，因此，它们能在水生植物的叶子上自由行走，而不会沉入水中。图为一只小水雉正蹲在一片浮叶上。

▲ 岸边，一只巨蜥和一只欧石鸻怒目而峙。欧石鸻直直地盯着巨蜥，并张开了翅膀，试图将对方吓走。

繁殖战略

很多滨鸟都选择在水岸处越冬。到了繁殖的季节，它们便飞往各自的栖息地。比如，杓鹬在高位沼泽地或草原上繁殖，冬季，那里可能会被冰雪覆盖。沙锥则栖息在牧场或湿地处，在那里，它们能搜寻到食物。

欧石鸻能发出一种与众不同的叫声，以宣告自己对领地的占有。这种鸟通常栖息在西伯利亚大草原、石南丛或农田里。它们属于半夜行性动物。在夜深人静的时候，它们那奇异的叫声（略似杓鹬）能传播到很远的地方。

沙锥将它们的蛋藏在草丛中。欧石鸻在开阔地筑巢，为了避免被天敌发现，它们把自己和蛋都伪装起来。如果入侵者靠得太近，成鸟就会假装受伤，从而把危险引开。有些滨鸟（如鹬）偶尔会带上自己的雏鸟，一起飞到安全的地方。

令人感到惊奇的是，有些滨鸟在树上筑巢。白腰草鹬和林鹬都在其他鸟类（如斑尾林鸽和鸫）遗弃的树巢中营巢。更令人感到惊奇的是，报讯鸟把蛋产下来以后，通常会在上面盖上一层

▲ 红脚鹬在湿地或沼泽地上繁殖。每年在大多数时间里，它们都与其他滨鸟一起栖息在泥泞且开阔的岸边。

▲ 黑翅长脚鹬的腿非常长，这使它们能够走到较深的水中觅食。当它们坐下来的时候，每条腿都会朝后伸出去，形成一个大大的 V 形。

大开眼界

水雉爸爸

雌性水雉的体形比雄性水雉大，体重也比雄性重。雌性水雉占据了大面积的领地，其中包括几个雄性水雉的地盘。雌性水雉可以与多只雄性水雉交配。每只雄性水雉都有自己的巢，它们坐在雌性水雉产下的蛋上，耐心孵蛋。幼雏被孵化出来以后，雄性水雉还要继续照看数月。

探测的深度

在越冬地，不计其数的滨鸟尽情地享用着泥地里的小生物。滨鸟的喙长短不一，因此探测的深度也各不相同。每种滨鸟都倾向于觅食它们的喙所能探测到的食物。

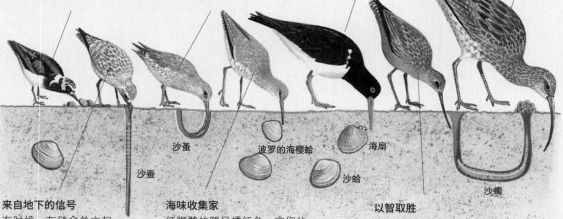

盛宴
蛎鹬的喙比较结实，不仅能敲碎贻贝的壳，还能捕捉到岩石上的帽贝。它们也会在泥地中搜寻海扇，一只饥饿的蛎鹬一天能吃下 300 只海扇。

无处可逃
杓鹬的喙非常长，末端向下弯曲，这使它们能够探寻到藏在 U 形地道中的沙蠋。

岸边的猛士
翻石鹬通常沿着岸边翻动鹅卵石、贝壳、海草和浮木，试图找到藏在里面的沙蚤、甲壳类动物和其他小食物。

灰色的地毯
成群的滨鹬一起进食。当它们在泥岸上探食蠕虫和小型软体动物时，远远看上去就像是一片灰色的地毯。

沙蚤　沙蚕　波罗的海樱蛤　海扇　沙蛤　沙蠋

来自地下的信号
有时候，灰鸻会耸立起脑袋，仔细聆听地下是否有猎物移动的声音。

海味收集家
红脚鹬的腿呈橘红色。它们的喙较长，是在泥地中探寻小型甲壳类动物的理想工具。它们一边在泥地上缓慢而优雅地行走，一边觅食。

以智取胜
斑尾塍鹬是一种大型滨鸟，它们既能走入水中，用细长且略微上翘的喙拣食水中的食物，也能在较深的土壤中探食蠕虫。

◀ 在求偶场，雄性流苏鹬为了吸引更多的雌性流苏鹬的注意，会竭尽全力地展示自己的羽毛。雄性流苏鹬之间经常为争夺求偶场中的重要位置而发生冲突。

薄薄的沙子，而不是亲自孵化，但如果气温较低，它们也会亲自孵蛋。与许多其他鸟类一样，大多数滨鸟都采用雌雄共育的方式哺育雏鸟，但是，瓣蹼鹬哺育雏鸟的方式则完全不同：雄鸟不需要雌鸟的帮助就能独自孵化、哺育雏鸟。雄性瓣蹼鹬的体形较小，羽毛颜色不如雌性瓣蹼鹬的鲜艳。

▲ 金(斑)鸻通常在加拿大的苔原地带繁殖，斑驳的羽毛为它们提供了很好的伪装。

▲ 杓鹬通常在高位沼泽地或草原上繁殖。它们的喙较长，并且向下弯曲，是搜寻食物的理想工具。

沙锥与鼓声

扇尾沙锥把喙探到泥地中觅食。它们的喙比较长，占体长的四分之一。雄性扇尾沙锥用一种独特的表演方式来宣告自己对繁殖领地的占有。它们在自己的领地上空来回巡逻，飞行时呈"之"字形。当它们朝下俯冲时，会张开尾羽。它们的外侧尾羽为弧形，而且较硬。因此，当气流流过外侧尾羽时，能发出鼓声。由于湿地环境遭到严重破坏，扇尾沙锥的数量越来越少。因此，人们已经很难听到如此奇异的鼓声了。

当气流流过外侧尾羽时，能发出鼓声

外侧尾羽呈弧形

▲　一只双领鸻假装自己的翅膀被折断了。当捕食　　▲　白鞘嘴鸥栖息在南极洲，看上去就像是一只矮壮结实的
者靠得太近时，有些鸻鸟就以这种办法来迷惑对　　鸽子。它们的喙较短，覆有一层角质鞘。
方，目的是不让它们发现自己的幼雏。

　　每年，在大多数时间里，雄性流苏鹬和雌性流苏鹬都生活在各自的群体中。但是一到春天，它们便聚集到求偶场。在这里，雄鸟极力向雌鸟炫耀自己的羽毛。为了争夺求偶场中的重要位置，它们经常与竞争对手大打出手。雄鸟与雌鸟交配以后，并不参与将来的哺育雏鸟的工作。

　　雉鸻遍布世界各地，主要栖息在热带地区的淡水水域。它们的外形比较像黑水鸡。雉鸻的足趾非常大，这使它们能够爬到水生植物的叶子上。一些雉鸻的头部长有奇特的装饰物。鸡冠水雉栖息在澳大利亚，它们的头部长有一个鲜红色的冠，看上去与小鸡的鸡冠很像。在这种滨鸟中，可能最与众不同的是水雉。与瓣蹼鹬一样，雄性水雉负责孵蛋和哺育幼雏。在同一季节里，雌性水雉可以与多只雄性水雉交配。

　　鞘嘴鸥生活在冰冻的南极地带，外形与鸽子相似。它们的羽毛为白色，双腿短而结实，趾间无蹼。它们是南极海岸上的清道夫。它们几乎吃任何东西，如企鹅蛋、死鸟，甚至吃科学考察站帐篷外的垃圾。

鹤

鹤形目是鸟类中的一个古老家族，它们可能在 6000 万年前，就开始在蒸汽弥漫的原始湿地上表演求爱舞蹈了。这种优雅的鸟儿至今仍然昂首阔步地漫步在世界各地。

鹤有着长长的腿、长长的脖子、高大的身材，它们的羽毛一般是灰色或者白色的，面部通常有着红色的斑点。它们被归为鹤形目，在这个目中，还包括秧鸡和鸨。从外形上看，鹤很像苍鹭，但是它们比苍鹭更大，而且在飞行时，它们的脖子直直地朝前伸着。此外，鹤主要在地

▲ 一只冕鹤正在东非的草地上觅食。这种独特的鸟儿有着与众不同的淡黄色硬羽，像扇子一样在头顶展开。和大多数鹤一样，冕鹤也会表演鞠躬、旋转、跳跃等动作。

面上栖居，而不是像苍鹭那样大部分时间都生活在树上，不过冕鹤更喜欢生活在树上。

鹤是一种害羞的、警惕性很高的鸟儿，几乎随时都处于戒备状态。它们大多数时候都过着群居生活，只有在繁殖季节里才会成双成对地生活在一起。一只鹤一生只有一个配偶，雄鹤也会帮忙孵化并养育雏鸟。

许多鹤都是候鸟，它们每年都会在繁殖地和冬季进食地之间进行长距离的迁徙。它们会列队飞行，队伍常常排成 V 形，我们常常可以看到一群鹤伴随着嘈杂的叫声从天空中呼啸而过。它们响亮的叫声能传到好几千米以外的地方——叫声在它们长长的气管中被放大，所以如此嘹亮。

鹤的家族

灰鹤站立时有 1.2 米高，双翼展开后宽达 1.5 米。它们身上的羽毛大部分是灰色的，只有头顶和脖子的羽毛，以及飞羽和尾羽是黑色的。它们的头顶上有一块深红色的斑点。成年雄鹤还有一簇特殊的尾羽—— 一簇位于正常尾羽上方的长而弯曲的羽毛。灰鹤可以把这簇羽毛竖立起来，用作求爱展示。欧洲灰鹤从每年 8 月开始迁徙，在 10 月或 11 月，迁徙鸟儿的数量达到顶峰。它们的 V 形队列能以 50 千米 / 小时的速度飞行。大群的欧洲灰鹤会迁徙到印度和非洲过冬，次年 2 月或 3 月再踏上归途。

在世界上会飞的鸟儿当中，赤颈鹤是最高大的，雄鹤能长到 2 米高。它们有时会沿着印度北部地区的马路边行走，在这些地方，它们被视为神圣不可侵犯的动物。生活在东南亚的萨勒斯鹤要矮一些，而且不像赤颈鹤那么常见。

▶ 这只灰鹤正高高地站立着，警觉地四下观望，保护着它的蛋。灰鹤在繁育期间行踪非常隐秘，一般只有当它们离开巢穴外出觅食时，才会泄露踪迹。它们会寻找昆虫、蚯蚓、软体动物、青蛙、小型哺乳动物和谷物作为食物。它们的巢通常是一个由芦苇、草和其他的植物搭建起来的草垛。

沙丘鹤是灰白色的，但是灰白色羽毛中常常点缀着一些红褐色的羽毛。它们常常用喙从泥土中啄食红褐色的氧化铁颗粒，在需要打扮自己的时候，它们就把这种红褐色扩散到羽毛上去。丹顶鹤和白鹤都有着雪白的羽毛。

蓑羽鹤体形较小，脖子上有一丛白色的羽毛，胸部有着黑色的羽毛，非常好看。它们会聚集成庞大的群体集体迁徙，穿越喜马拉雅山脉和其他的高山。一个迁徙团队可能多达好几千只鸟儿。

你知道吗？

翻筋斗的鸟儿

喇叭鸟是鹤的亲戚，生活在南美洲的热带雨林中。这是一种在地面上觅食的鸟儿，看上去好像有点儿驼背。这种鸟儿会以小的群体形式聚集在一起，搜寻落在地面上的水果和昆虫。有时候，它们会跟随着穴居在树洞中的动物，啄食这些动物落下的食物。它们在求爱过程中会发出嘈杂的声响，还会跳舞、翻筋斗。

▲ 一对秧鹤正在佛罗里达的沼泽中觅食蜗牛。在它们那直直的、扁平的喙的帮助下，秧鹤很容易将蜗牛吃得一干二净。它们也吃蚯蚓、小龙虾和爬行动物。

▲ 黄昏时分，薄雾从河面上升了起来。一群沙丘鹤聚集在这里，准备在浅水中过夜。黎明到来后，沙丘鹤就会到周围的田野和水草之中，觅食植物的根茎、谷物、昆虫和小型动物。

▼ 沙丘鹤每年都会沿着同样的迁徙路线，从它们在加拿大、阿拉斯加和西伯利亚的繁殖地，迁徙到美国西南部和墨西哥去过冬。

▲ 一旦有一只澳洲鹤开始跳舞，就会有一大群澳洲鹤加入其中，一起拍打翅膀、鞠躬、用脚尖旋转，表演一段狂热、喧闹的舞蹈。澳洲鹤是身材最高大的鹤之一，也是身体最强壮的鹤之一。澳大利亚土著人会在传统的舞蹈中，模仿澳洲鹤那狂野的动作。

生活在热带非洲的黑冕鹤（又叫西非冕鹤）是一种漂亮的鸟儿，它们有着黑色的天鹅绒般的鹤顶，以及由刚硬的黄色羽毛组成的美丽的冕。它们的喉咙上长着红色的肉垂，颊部是粉红色和白色的。丹顶鹤是东亚地区所特有的鸟种，因头顶有一块颜色鲜红的肉冠而得名。成鸟除颈部和飞羽后端为黑色外，全身洁白。丹顶鹤体态优雅、颜色分明，在中国古代文化中被称为“仙鹤”，是吉祥、忠贞、长寿的象征。丹顶鹤主要在中国东南沿海各地及长江下游、朝鲜海湾、日本等地越冬，在云南也有少量野生种群。据统计，丹顶鹤全世界现存不到 2000 只，是我国的国家一级保护动物。

鹤不敢贸然进入南美地区，但是它们的近亲秧鹤却生活在美洲的热带地区。秧鹤行走时步态蹒跚，还会发出忧郁的悲叹声。它们在美洲的湿地中跋涉，猎食大型蜗牛。

◀ 丹顶鹤原本是迁徙鸟类，近几年来随着气候变暖，它们在北方的冬季可以找到食物了，所以一些丹顶鹤渐渐不再南迁，而是驻扎在我国黑龙江地区的自然保护区内以及日本的北海道一带，成为北国雪后一道壮美的自然景观。

鹤的舞蹈

鹤以美丽的舞蹈著称。有一些舞蹈是专门在求爱过程中表演的，但是鹤有时也会在别的场合下起舞。鞠躬、旋转和跳跃是它们的基本舞步。有时候，这些鸟儿会啄起一根棍子或者一簇草叶，并把它们抛向头顶。

边舞边唱

一对鹤会举起翅膀，伸直脖子，将喙尖朝向空中，同时发出能够传到远方的响亮声音。一对配偶常常会在黎明时分表演这样的节目，宣告它们对大片领地的所有权。雌鹤高而尖的叫声，往往与雄鹤长而低的叫声此起彼伏，一唱一和。

翩翩起舞

鹤的舞蹈可以是一系列复杂的步法。举起翅膀鞠躬是舞蹈中的一种普通姿势。鹤还能将翅膀展开，优雅地向空中跳跃。有时候，两只鸟儿会一起跳跃。

秧鸡和鸨

　　与鹤同属于鹤形目的还有两个家族——秧鸡和鸨。秧鸡是小型和中型大小的地栖鸟类，有着黑色、栗色、橄榄色或浅黄色的羽毛，有时候身上会长有条纹或者斑点。它们的翅膀短而浑圆，尾巴很短，腿和足趾都较长。秧鸡的喙形态万千，从短短的圆锥形到长长的镰刀形，有些喙的前面还有着醒目的喙盔。

　　全世界大约有 125 种秧鸡，包括白骨顶鸡、黑水鸡、青水鸡和普通秧鸡。有一些种类不会飞，例如，新西兰的短翅水鸡。还有一些种类是候鸟，如长脚秧鸡，它们虽然看上去飞行能力很弱，但其实能够进行长途迁徙。

　　鸨有的是中型大小的鸟儿，也有的是大型鸟儿，背部是灰色或褐色的，腹部是浅黄色或白色的，有的头顶和颈部有黑色的标记。它们翅膀宽大，脖子和腿都很长，足上有三趾。它们生活在开阔的平原地带，只是偶尔才会飞翔一小段距离。它们在地面上筑巢，吃各种各样的昆虫、小型脊椎动物和植物。非洲的灰颈鹭鸨重达 18 千克，在世界上会飞的鸟儿中，它们是最重的一种。这种鸟儿只能在低空飞行很短的距离。鸨能够把臭气熏天的粪便喷向攻击者，以此保护自己。

▲ 这只雌性水鸡的喙尖有着亮红色的喙盔，这使它很容易被辨认出来。水鸡是秧鸡家族中常见的成员，它们大部分时间都在游泳——通过极富特色的"点头"式动作向前游动。它们以小型的水生动物、水草、种子和浆果为食。

▲ 秧鸡是一种行迹隐秘的鸟儿，喜欢生活在水域附近。大多数秧鸡都生活在沼泽之中，以动物和植物为食，它们会在地面上或者在低矮的灌木丛中筑巢。普通秧鸡的身子是狭长的，从前方看起来扁扁的，有着如此纤细的体形，它们能够迅速而悄无声息地消失在茂密的水草丛中。

雄鸨可以进行精彩的求爱表演，它们会举起翅膀，竖起颈部的羽毛，把脖子鼓得像气球一样。雄性大鸨会在特殊的表演场地进行表演，它们翻转翅膀，鼓起喉袋，以加深雌性对自己的印象。生活在南非的小黑鸨会拍动翅膀飞起来，在降落的时候，则会摆动双腿，轻轻扇动双翅。

叫鹤是秧鸡的亲戚。它们有两条长腿，看上去总是一副洋洋自得的样子。它们喜欢高昂着喙，在南美洲的草地上大步流星地行进。它们很少飞行，但是能够通过奔跑快速逃离危险。它们的食物种类非常丰富，包括昆虫、植物，以及像老鼠、青蛙，甚至蛇这样的动物。

▲　一只雄性大鸨正在展示它那令人印象深刻的"八字须"，同时，它还鼓起了喉袋，展示着颈部蓬松的羽毛。这种场面蔚为壮观——它的头部几乎完全隐藏在了羽毛中间。

猛禽

在非洲森林的一片空旷的土地上，一个阴影迅疾地扑了下来。很快，一只王冠大雕再次腾空飞起，而此时，它的爪下已多了一头拼命挣扎的羚羊。和很多猛禽一样，这种动物具有肉食习性，能够用它那有力的喙和锋利的爪子捕捉并切割猎物。

人们总是对猛禽的力量和它们那骤然一击时的飞行技能充满了崇敬感。用猎鹰和大雕捕猎曾经被视为王者们的体育运动。然而在 19 世纪，这些猛禽超强的捕猎能力却一度使它们和猎场看守人发生激烈冲突，结果很多物种都被射杀。不过在今天，猛禽的美丽优雅又受到了人们的推崇。它们位于食物链的顶端，成为衡量生态环境是否健康的重要标志。如果猛禽的生存欣欣向荣，那么被它们捕食的生物也会处于正常的生活状态。这就意味着处于生物链低端的动物们都可能具有良好的生活态势。

◀ 这只北美秃鹰的翼展宽达两米。它们凭着令人炫目的空中飞行技巧攻击鸟类和鱼类。有时，它们也会掠夺鱼鹰辛苦得来的战利品。

▲ 金雕是它们山区栖息地中的领地之王。它们的飞行很有力量，能够在低低的空中耐心而缓慢地飞掠自己的领地，搜寻中等大小的哺乳动物和鸟类。

▲ 相对雕而言，短尾鹰的尾巴非常短，这使它们行动迅捷。寻找猎物时，它们能以很快的速度长时间地飞行。它可以突然下冲抓住飞鸟以及地面上的爬行动物、哺乳动物、大型昆虫。

肉食者

猛禽（除了猫头鹰）都属于隼形目。隼形目中又包括几个种群，如秃鹰、鹰、鹞、鸢、雕、猎鹰、兀鹫等。鱼鹰和鹭鹰非常特殊，它们都从自己的族群中分离出来了。全世界大约有 275 种猛禽。

几乎所有的猛禽都有钩形的鸟喙和钩形的脚爪（钩爪）用来抓捕和撕裂猎物。它们大小各异，有巨大的能够抓获并携带一头鹿或树懒的海鹰和角鹰，也有比八哥还小的以昆虫为食的小鹰。

大多数猛禽都捕猎小型哺乳动物和鸟类，但也有一些是捕鱼专家，还有一些是猎食多种不同猎物的高手。比如蜂鹰，它就是一个偷偷摸摸的林地猎手。它能够搜寻并翻掘黄蜂和蜜蜂的巢穴。一旦捣毁蜂巢，它们就会吃掉幼虫和成年昆虫，还会毫不客气地把蜂蜜也吃光。专吃非洲蝗虫的秃鹫会跟随南美萨瓦纳草原上的大火飞行，捕捉在大火中匆忙逃离的蝗虫和其他昆虫。一些南美洲的鸢在进化中喜欢上了猎食蜗牛，它们能用自己长而弯曲的鸟喙把蜗牛肉从壳里钩出来。非洲和东南亚的蝠鹰则趁着夜色捕猎蝙蝠。

大雕

体格强壮的雕是一种威严的猛禽，它们统治着地球上最蛮荒、最偏远的地带。北半球的金雕在山区和高地上生活，它们在那里猎捕野兔和其他中型哺乳动物，同时也捕食鸟类，如

▲ 一只年轻的楔尾雕在父母的注视下，正在准备第一次飞行。这些澳大利亚雕能长到一米左右，它们以鸟类、爬行动物和袋鼠为食。

▲ 一只美洲鱼鹰爪下紧紧抓着猎物，扇动着翅膀从水面上飞了起来。它们是用双脚向后掠过水面抓起下面的鱼。

雷鸟和松鸡；冬季则以腐肉为食。和很多其他猛禽一样，它们的视力非常好，能在很远的地方就发现猎物。人们经常看见它们在野地上空翱翔，金雕会突然向下猛扑，在地面上突袭猎物。

海雕要比金雕大。海雕中最有名的是北美秃鹰。这种鸟并不是真的秃头，而是它们的头上覆盖着白色羽毛，看起来就像皮肤一样。这种白色的羽毛头巾直到它们四五岁时才会长出来。

尽管海雕在一年中的大多数时间都独来独往，但秋天它们也会大量聚集在一起（集会），在一些太平洋海岸的河流中，享用因产卵而死的大麻哈鱼的盛宴。海雕长着巨大的钩形喙。尽管拥有这种外形恐怖的武器，但它却通常以腐肉为食。凭着强大的力量和鸟喙，它们可以撕裂动物的尸体。

这些大鸟会展示蔚为壮观的求爱飞行。它们有时会在空中翻转身子，和在它们身子上面的异性鸟儿互相拍击爪子，接着就是为了繁殖后代的交配。

雕建造的巢穴很大。这些巢穴要么在树顶上，要么在遥不可及的峭壁上。巢穴的框架一般由大树枝和树棒构成，然后在上面层层铺上小树枝和干草。每年，处于繁殖期的雕夫妇都会为巢穴添枝加草，最终让巢穴变得非常庞大，通常有一米多深。雕每次会繁殖三只左右的幼鸟，但在多数情况下，只有最大的幼鸟能活下来，尤其是在食物匮乏的时候。

世界上最大的猛禽是南美洲的角鹰。这种巨鸟（从鸟喙到鸟尾可长达 1.8～1.9 米）会钻进浓密的乔木树冠里，捕获那些跃出树顶的猴子。它也用巨大的爪子抓树懒和其他乔木林中

你知道吗？

捕食者的聚会

在世界上的一些地方，由于它们位于鸟儿迁徙路线中的瓶颈地带，所以往往会有数千只猛禽集中在这些地区。这种壮观景象为科学家们提供了一个观察鹰、雕、隼、秃鹫等各种猛禽，以及收集相关数据的机会。例如，土耳其的博斯普鲁斯海峡是鸢、蜂鹰、埃莉诺拉秃鹫高度聚集的地区；在美国宾夕法尼亚的鹰山上，聚集着成千上万只红尾、宽翼的细胫骨鹰；在以色列的港口城市埃拉特，大量蜂鹰在那里上下飞舞；此外，每年大约还有 30 万只猛禽取道巴拿马海峡的上空。

▲ 苍鹰不但是强有力的林地猎手，也是身手敏捷的食肉动物。它们会快速地从森林边缘的树林中飞过，伺机攻击哺乳动物和鸟类。

灵活的鹞子

一只尚未成年的鹞子在树干上巡视时，会扇动着翅膀保持身体平衡。这种非比寻常的非洲猛禽为了躲避来自空中的袭击，一般在灌木和树林边缘捕猎。它们的脑袋很小，适合猎捕孔洞和缝隙里的昆虫、小型哺乳动物以及小鸟。通过细长的、有屈曲性关节的双腿，它们还可以搜寻到各种缝隙和隐蔽的地方，甚至能深入到成群的织巢鸟的巢中。鹞子巢是用绿叶的嫩枝编成的，雌鹞会在巢里产下一两枚鸟蛋。在幼鸟能够独立捕猎之前，它们的父母共同承担抚养工作。

▶ 这只正四下张望的小巧玲珑的小隼，看上去就像宠物虎皮鹦鹉一样。然而，这个小小的"恐怖分子"却是昆虫、小型蜥蜴、哺乳动物和鸟类的死敌。它能立着身子向下迅速俯冲并抓住猎物。

大开眼界

鸟蛋偷袭者

印度黑雕的长翅上长着大片初级飞羽，飞行时能展得很开。这使它可以慢慢飞掠过森林的树冠，仔细搜寻猎物。它的脚趾上长着又长又直的爪，但是外面的脚趾和脚爪却非常短。这种身体结构有利于它偷袭鸟蛋和雏鸟，还有利于它将鸟巢从树上撕扯下来。

▲ 这两只长有冠毛的长腿兀鹰看起来像一对喜剧演员，但事实上它们都是熟练的杀手，专门猎杀昆虫、青蛙、爬虫和受伤的鸟类。它们也吃腐肉，常在南美洲的晨曦中享用路上被车轧死的动物。

的动物。食猿雕是另一种危险的，有着相似的捕猎技巧的老鹰。这种外形俊朗的鸟长着黑色和金色相间的鸟冠以及深深的鸟喙，专门捕捉猴子和飞跃的狐猿。由于热带雨林的逐渐消失，它们的数量已缩减至仅有数百只。

敏捷的鸢和鹞子

　　鸢是一种中型猛禽，长着狭长的翅膀。它们是优秀而敏捷的飞行专家。其中有几个物种都以腐肉为食，而不是吃活的猎物。

▲ 这只蜗牛鸢缓慢地飞过沼泽地，然后突然下冲，用一只脚爪抓获了一只苹果蜗牛。这种鸢长着细长的尖部带钩的喙，这是一种能够猎食软体动物的理想工具。

▲ 一只乌灰鹞降落到地面上，它的巢穴深深隐藏在一个密集的芦苇架中。和其他鹞子一样，它能轻快灵活地在石南丛生的荒地和沼泽上低飞而过，脑袋向下搜寻猎物。为了博雌鸟的欢心，雄鸟会进行惹人注目的俯冲和翻腾飞行。

鱼鹰

　　鱼鹰是最令人兴奋的猛禽之一，它们以鱼为食，主要生活在内陆湖泊和海滨地区。

　　这种黑白相间的好看的鸟儿寻找自己的猎物时，通常在离水面10米高处飞行，搜寻水面上泄露的信息。一旦它们发现猎物，就会在突然间迅速朝水面俯冲下去，并在一瞬之间将利爪向前戳出。有时，它们看起来似乎完全沉没到水面之下，但却经常从水面上抓鱼。然后，它们会飞起来，抓住鱼头前部，使猎物和自己身体平行，这样可以减少空气阻力。鱼鹰的脚上覆盖着刺，这有助于它们抓住身子光滑的鱼。它们或者在自己的巢穴中，或者在附近的落脚之处把鱼吃掉。

　　鱼鹰的大巢穴是用树棒和细枝筑成的，通常位于树顶。在北美洲，人们还经常可以在高压电线的铁塔上或者其他一些人造建筑物上看见它们的巢穴。

一只正在盘旋的鱼鹰，可以通过一些特征来确认：略带白色的腹部，棕色的胸部条纹，明暗相间的后翅，扇形尾巴边缘是棕色的。

当它向下俯冲时，它的整个背面是棕色的，翅尖微微分开有点像手指，黑色的眼部条纹，尾巴背部带有醒目的栅格条纹。

脑袋是白色的，略带冠毛，有黑色眼纹。

有黑斑的胸部，白色的腹部。

眼纹、胸纹、棕色的上半身和与之形成对照的带条纹的后翅、深色翅尖等，都是明显的特征。

刺状的、覆盖着鳞片的脚趾能紧紧抓住鱼。

在入水前，它们的翅膀向后收拢，蓝灰色的腿和脚爪猛然向前伸出，爪子也伸张开。

▲ 在离开巢穴前，红鸢的幼鸟需要大量食物，才能长得足够大和强壮，这个过程大约需要 50 天。于是，幼鸟的父母就不得不四处觅食，为它们持续地提供小型哺乳动物、鸟和腐肉。它们的大巢穴是用树枝织成的，上面铺着绒线布料。

黑鸢通常生活在非洲和亚洲城市的垃圾堆旁，是人们熟悉的城市食腐动物。它们有时也猎杀水边动物和小型哺乳动物。红鸢也是食腐动物。这种漂亮的栗色鸟长着叉状鸟尾，曾经遍布欧洲各地，但由于人们无情的捕杀而变得很稀少。近年来，由于一些保护措施，在一定程度上它们已恢复到了原有的生活范围。

中美洲和南美洲的燕尾鸢体态优美，是飞行专家。它们依靠飞行技巧猎食，专门抓获树枝上的小动物和在空中飞行的昆虫。那黑白相间的翅膀和高度分叉的鸟尾，使它们看起来就像一只巨大的燕子。

鹞子是一种在地面筑巢的身体细长的猛禽。它们在地面上觅食，捕捉小型哺乳动物和鸟类。它们生活在开阔的栖息之地，如海岸沼泽和草原。

迅疾俯冲的隼

　　隼（猎鹰）的空中飞行技巧高超得令人深感意外。它们并不如一些雕有力量，但速度和敏捷弥补了它们这一缺陷。最著名的隼是游隼。这种好看的鸟儿在目前已非常稀少，包括在北半球的大部分地区。它们的数量在 20 世纪 50 年代和 60 年代急剧下降，因为农民们使用的杀虫剂进入生物链，使游隼蛋的蛋壳很薄，导致被孵化出来的健康幼鸟的数量锐减。

　　但近些年，游隼开始在英国等一些地区得以恢复。它们的猎物主要是中型鸟类，包括原鸽和水鸟。它们会张开脚爪，然后以惊人的速度猛然向下俯冲，在半空中袭击猎物，这一过程被称为扑食。据估算，游隼在扑食的时候，速度可达每小时 180 千米。

　　燕隼更像一只穿红裤子的小型游隼。这是一种快如闪电的飞行者，人们有时可以看见它们追逐成群的燕子和紫燕。蜻蜓是它们喜爱的另一种猎物。生活在北半球的另一种小型、速度极快的灰背隼，体重大约只有 100 克。它们追逐空中的飞鸟，灵活地紧随目标不放，折来折去、闪转腾挪，直到杀死猎物。

　　人们熟悉的茶隼具有熟练的盘旋技巧，而不是靠速度取胜。一旦发现了田鼠这样的小型哺乳动物或者其他猎物，它们就会在猎物的头顶盘旋，然后通过一系列的扑食动作逐渐降落，最后对猎物进行骤然一击。

掌上之鸟

　　这只游隼头戴羽巾，腿爪上有脚带，它站在一个放鹰人的手套上。猎鹰活动已经有 4000 多年的历史了。在英国，中世纪是猎鹰活动盛行的黄金时期，游隼在那时也备受推崇，因为它们有高超的飞行技巧，还能够捕猎大型猎物。猎鹰活动也是当时人们的主要收入来源。在猎鹰活动中，人们通常使用雌鹰，因为它们的个儿比雄鹰大。

致命的奔跑

　　鹭鹰是最不寻常的一种猛禽。它们站立时高达 1.2 米，双腿又长又有力，这使它们看起来更像一只鹤，而不是一只鹰。它们生活在非洲草地上，在那里猎捕啮齿动物、昆虫和蛇。它们大

▲ 这只瘦长的非洲鹭鹰的身体结构符合运动学原理，这使它能在开阔的地面上全速前进。在草地上，它会用自己的长腿追逐并征服蛇类和其他动物。但是鹭鹰也并不是完全在地面上生活，它们也能飞到树上栖息并建造巢穴。它们的巢穴很大，是用草、粪便，以及令人恶心的未经消化的猎物残骸等粘连起来的一个枝条平台。

◄ 矛隼是一种传统的猎鹰，体形大，而且非常有力量。这种鸟能够贴着地面，以极快的速度持久地追逐猎物。它以松鸡和野鸭为食，偶尔也猎捕一些哺乳动物，如野兔。它们生活在海边的悬崖和高地上。它们生活的最近地区是在格陵兰岛和其他一些欧洲国家位于北极的地区。图中的这只矛隼正处于发育阶段，所以它全身的羽毛都是浅色的。但实际上，这种鸟的颜色各种各样，既有白色的，也有黑灰色的。

部分时间都在地面上，但也有很好的飞行技巧，并能像秃鹫一样在领地上空翱翔。飞行时，它们的长腿拖曳着，长度超过了尾巴。脚上的短趾和钝爪使它们能更好地在地面上奔跑。在猎捕食物的时候，它会将蛇踏在脚下，用钩状的鸟喙抓住猎物，然后把猎物的肉撕开。

　　鹭鹰在矮树上筑又大又平的巢穴。它们也被称为秘书鸟，因为它们脑后那又长又黑的羽毛，看上去就像过去的秘书和职员用的旧式羽毛笔，而且这些羽毛都长在它们的耳朵之后。